シュウさま

保護猫カフェからやってきた、3本足のモフ天使

ちょと&
梅田達也（ねこかつ）

この本は、
保護猫カフェからやってきた
3本足の猫・シュウ様と、
元・捨て猫の凛さんの
まったりとした日常を
紹介する本です。

月がぁ〜出た出た
月がぁ〜出たぁ〜
あ、ヨイヨイ〜♪

「2匹の猫との生活ってどんな感じ？」

「保護猫って懐かないんじゃないの？」

「シュウ様、3本足でも大丈夫なの？」

「猫を飼ってみたいけど、未知すぎ〜」

…等々といった様々な「？」に対する
少しでも答えになればいいな～
そして、
幸せな猫さんとヒトが
少しでも増えたらいいな～
そんな想いを本にしました。

主な登場にゃん物

シュウ様

推定５歳・白キジ男子。保護猫カフェ「ねこかつ」の元・人気ホスト。
後ろ足に重傷を負った状態で保健所に持ち込まれる。
殺処分される寸前にねこかつオーナーに引き取られ、
足は１本失ったが健康的なモフ猫に成長。
ねこかつの看板猫となり、2015年6月にちょと家に引き取られる。
性格はおっとり。

凛《りん》さん

３歳・縞三毛丸顔女子。ちょと家の先住猫で、元拾い猫。
生後１カ月ほどでちょと家のムスメ子に拾われる。
独特な三毛柄と丸顔が特徴。性格はツンデレ小悪魔系。

ミーシャ

推定１歳・ミルクティー系女子。2016年春に保護。
ちょと家で家猫修行をしたのち、
譲渡会で本当のおうちを見つけ、幸せになる。

子猫たち

ちょと家に一時滞在した
預り保護っ子たち。

主な登場人物

ちょと

シュウ様＆凛さんの飼い主。猫とお酒をこよなく愛すアラフォー主婦。
ブログ『猫とお酒と日々のこと（仮）』は、
シュウ様が来てからほぼ完全猫ブログに。
家族（夫、中高生の息子１号・２号・ムスメ子）そろって猫好き。

梅田達也

埼玉県川越市にある保護猫カフェ「ねこかつ」の店主。
シュウの保護主。
猫のためなら寝る間を惜しんで西へ東へ奔走中。

第1章 モフ三昧の甘～い日々

第2章 ストーカー猫と遥かなる猫団子への道のり

第3章 シュウさまとの出会い

第4章 ちょと家の猫活

マンガ
卵山玉子

ブックデザイン
千葉慈子（あんバターオフィス）

写真（表カバー、裏帯、扉 他）
ねこたろう

編集担当
佐藤葉子

第1章
モフ三昧の甘〜い日々

ほぼ3歳児

1 私が1番に帰宅した時、シュウ様が起きていると…超絶甘えん坊♥

もー。
どこ行ってたの?
すりん

2 ごめん。シュウ様寝てたから…

目を覚ましたら
いないん
だもん。
ごろごろ
ごろごろ

誰もいないんだもん…

3 いやいや、凛さんはいたけども…

ごろごろごろごろ
ぬりん
目が覚めた時に
いないなんて
寂しいじゃん…

4 どうやら目が覚めた時に
誰かモフらないとダメらしい(笑)

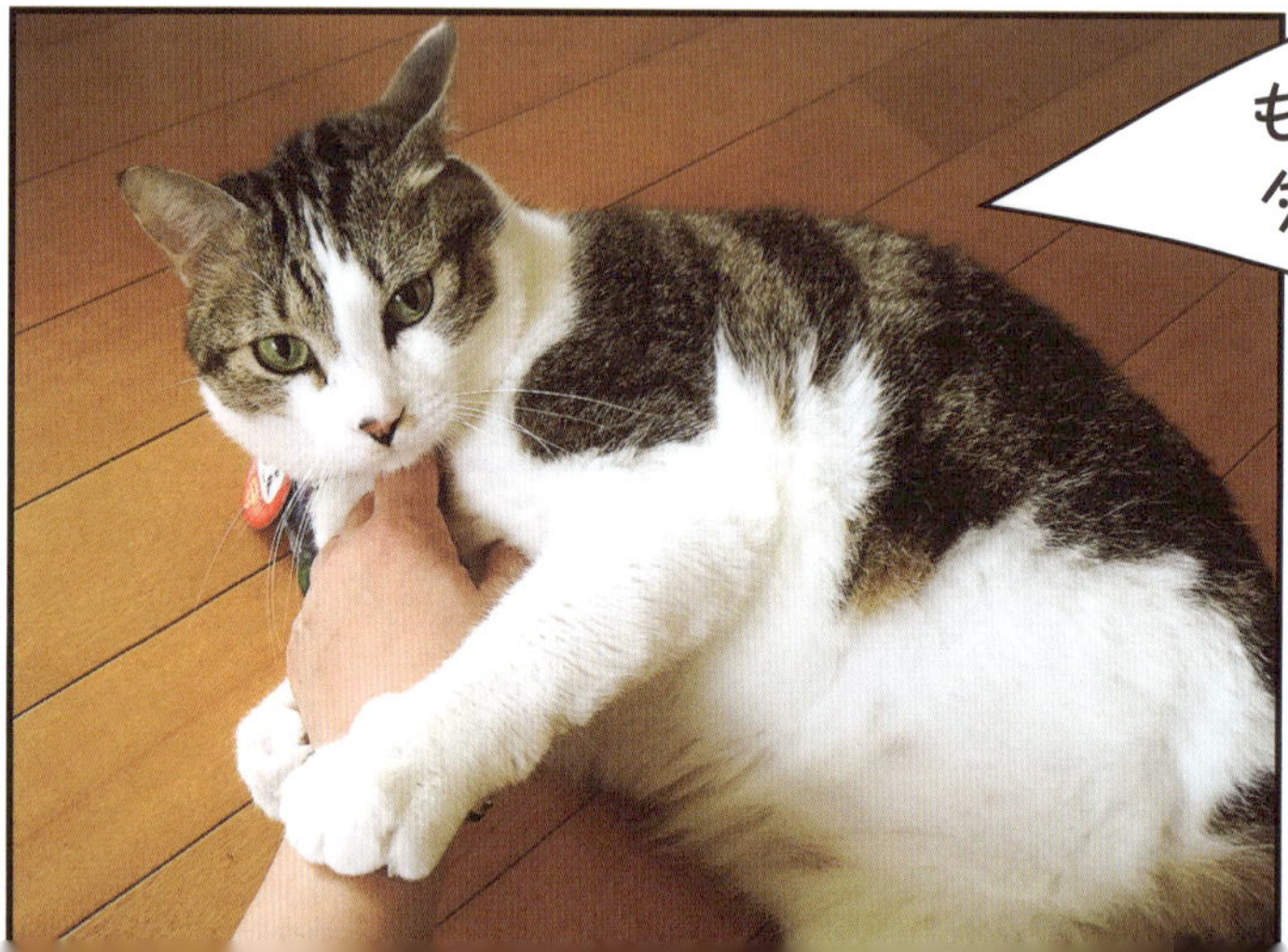
もー。
ダメだからね。

5 そー
言われ
ましても…

6 このあと、
ご飯に
つき合わされまして…

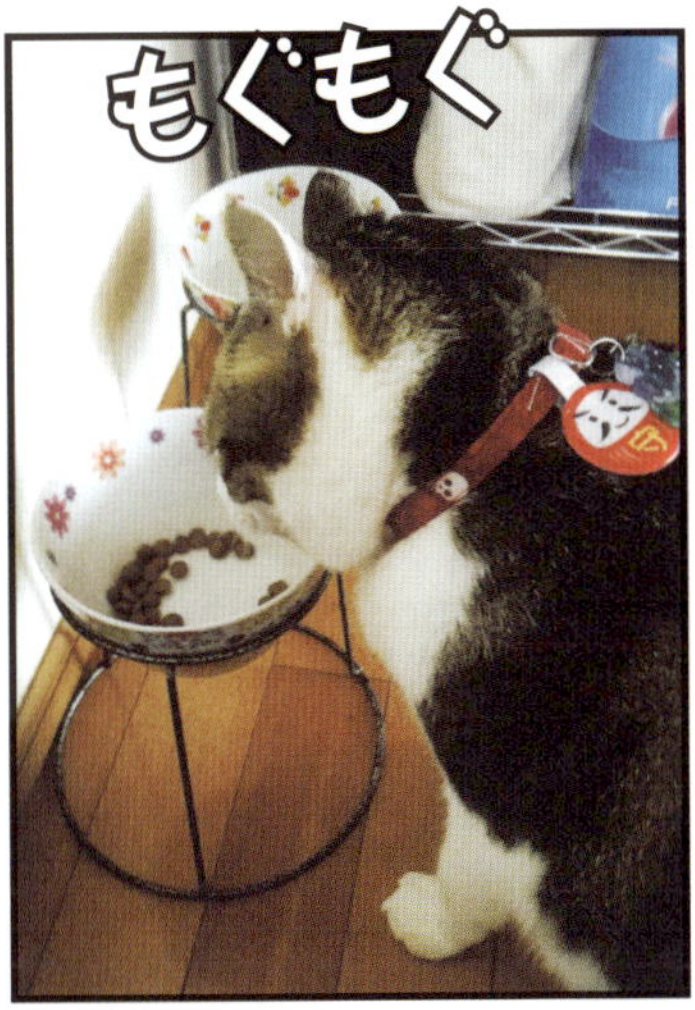
もぐもぐ

チラチラと見てるか確認。あー。
ウチの子たちもこんな時期があったなぁ。
ご飯もトイレも遊びも「ちゃんと見てて！」って時期。
懐かしいなぁ。今なんか家にいると
「ねぇ。どっか行ってくれない？」
「ボイスチャット使いたいんだけど」と邪魔者扱い…(>_<)
昔は「ちゃんと見ででぇぇよぉ〜」って、
泣いて怒ってたくせに…

7
ちゃんと見てる？

朝も、目覚めても誰も構ってくれないらしくバビューンと飛んで来て私にからみつく。

8
おはよー。
やっと起きた。
もー！遅いよー。
ぬりん
すりん

9
ぬりん
すりん

朝の階段は毎朝命がけ…シュウ様…危ないんだよ。何度階段から落ちそうになったことか…

ぬりん
すりん
10

シュウ様を踏んではならない！と必死に下りる…手が空いていれば抱っこ。そんな生活…実は…嫌じゃない(笑)シュウ様は可愛いのぉ。毛が生えてても可愛いのぉ。ヒトの子は毛が生えると可愛くなくなるけど。**シュウ様は可愛いのぉ…**

私はー？

EX ホイップパンケーキ猫男子

1 寝ているシュウ様の
肉球を連打(*´艸`)

2 あ、さすがに起きちゃったか。
めげずにぷにぷに
そしてお腹をモフモフ♥

3 モフモ…
いてっ

4 えっ？だって
シュウ様のお腹は
モフモフされるために
あるんでしょ？

5

ちょ!こらこら!

実力の出し惜しみは
いけません。
宝の持ち腐れに
なっちゃうよ！

6

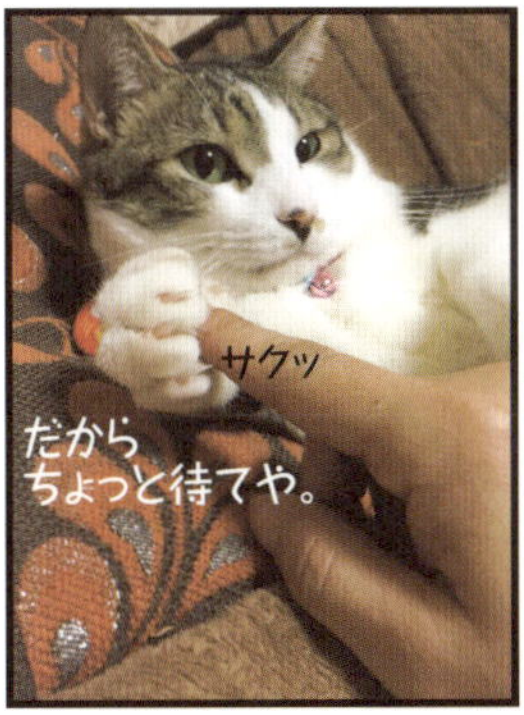
サクッ
だから
ちょっと待てや。

あ、シュウ様
その爪は…
爪切りしなきゃダメですね。
かくなる上は…
これでどうだ。

あ♥
ひ、卑怯者～
ほらほら♥

7

簡単だ…
じつに簡単だ。

もうイイです…
あ。そこもうちょっと…

8

もうゴロゴロ言ってる…
さっきの抵抗は？
イヤよイヤよも…って
ヤツですか？
んもぉ♥素直じゃないな♥

9

シュウ様イメージ画像

白くてふわふわ
そして甘々♥
シュウ様って
こんなイメージ。

私は?

悲鳴の館

1

我が家では1日に何度も
悲鳴がこだまする。

「あぁぁぁ～っ！
ママ～、ちょっと来て！
大至急～」

え？ 何？ どーしたの？

「シュウ様が寝てる♥」

………。うん。そうだね。

ぐぉーぐぉー

2

「うわぁぁぁぁ～っ！
ママぁ～！
凛さんが！ 大変だよ!!」

え！ 何？ どうしたの？

「凛さんが入ってる♥」

………。
うん。入ってるね。

ビクっ!
大きな声
出さないでよ

なによ。
入っちゃ悪い?

3

「きゃぁぁぁー！ 見て！ 見て！
早く！ 早く！」

えー？ 何？

「シュウ様伸びしてる♥」

う、うん…よく伸びてるね…

のびーん

4

「あーっっ！ お母さ～ん!!
ちょー大変だよっ！
早く来て」

何よ！

**「凛さんが
ボール投げて
欲しいって♥」**

………。

じゃ、投げて
あげなさいよ。

投げてほしい
投げてほしい
投げてほしい
ってか早く気づけ

5

「うぉぉぉー！　こ、これは…
ねーねー!! お母さん!!
これってさー！
モフって良いと思う？」

………。
モフらせて
頂きなさい。

えっ!?
なになに?

またーり

6

「えぇぇぇーっ!!
なんで！
ママぁー！　どうしよー。
どうしたらいいの！」

何よ!!

**「シュウ様に
のぞかれてる♥」**

………。
へるもんじゃないし。
見てもらいなさい。

じぃー

だから
なんなのよ!?

7

「ぐわぁぁぁー！
ママーっ!!
なにコレ！」

けっこう気に入ってます。

………。
箱に入ったシュウ様だよ。

学校があるので、
私と違ってシュウ様、
凛さんとすごす時間が
少ない子ども達は
まだ免疫が少ないらしく
一緒にいると高確率で
叫び呼ばれます。

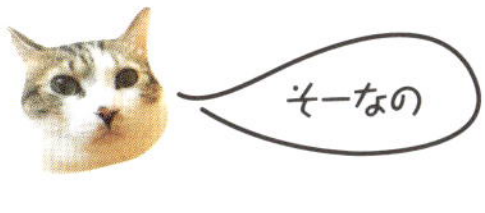
そーなの

何故ならそこに箱があるから！

入らねば!

1
楽○スーパーセールでのお買い物品が続々届き、我が家の猫様は箱バブルで沸いております。

入らねば…
ほんの少し無理が
あっても入らねば…

2
箱を見たら入らない訳にいかない。それが猫様としてのプライド！

入らねば!
何故なら僕は
まだ 猫だから!
どろ〜ん
どろ〜ん

3
気持ちはわかるけど…
何かがついて行ってない
気がする…

はこ…

4
そしてここにも高い志を持った猫様が。

入らねば…

5
猫様の体は液状化するってよく聞くけど…

はぁ。
しっくりくる
大きさ

6
ホントスライムみたい…
よく収まるよね…

余裕だよ!

入りたい戦争

1

そして
箱をめぐる
争いが…

2

まだ
入っていない
箱には
とりあえず
入りたい。

3

そして、落ち着く箱は
納得するまで
譲りたくない。

4

そんな両雄の
箱をめぐる争いは
（凛さんは雌だけど…）

5

今回はシュウ様の
勝ちらしい。

6

まぁ、もうなんか…
プレイ？だよね。

迷惑です

空中浮遊

1

廊下で凛さんが溶けてたから
良かれと思って…

暑いわぁ…
溶けるわぁ…

2

ひえひえマットを
同じ場所に置いたら
避けて寝る…。

母の愛
暑いわぁ…
溶けるわぁ…
うーん
うーん

なんなのよー!!
暑いなら使いなさいよー!!

3

シュウ様の暑い日のお気に入りは
プラケースの上。

ここイイ感じなんです。
SHU

4

若干ひえひえ
なのかしら?

良きかな…良きかな

（心配はケースの
耐荷重…）

5
もちろん下からの
サービスショットありマス♥

6
お♥
ぺったんこかわゆす♥

空中浮遊

7
スカイダイビング
してるみたい（笑）

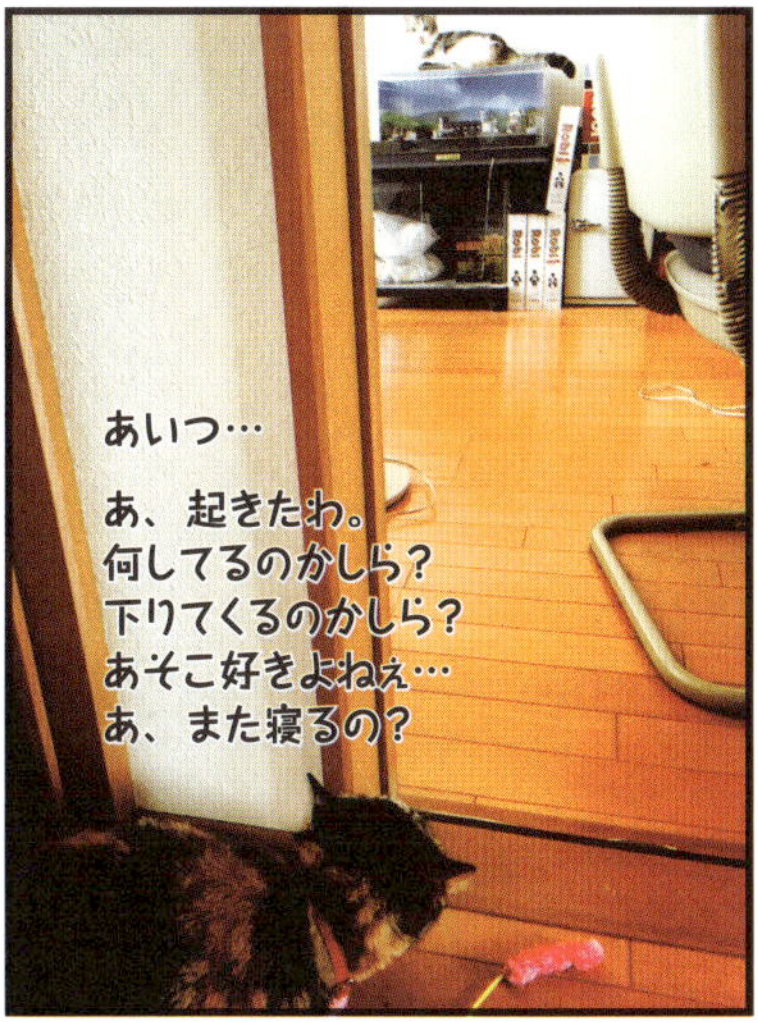
あいつ…
あ、起きたわ。
何してるのかしら？
下りてくるのかしら？
あそこ好きよねぇ…
あ、また寝るの？

8
そんな
シュウ様を
監視中の
凛さん。
そんなに
気になる
なら……
ねぇ……。

なによ〜

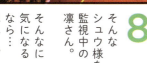

爪切り

1 今日は爪切りをしました。
爪切りは手早さが命です。

2 シュウ様も凛さんも爪切りは
お好きではないので騙し騙し…。

3 シュウ様は
大暴れはしないけど
スキがあれば
逃げようとするし。

4 カーテン被害も
あるのでしっかり
切っておこうね。

5 はい終わりー。
お疲れ様でした。

6
問題は凛さん。
これでも前に
比べたら大人しく
なったのよー。

7
地味に蹴るの
やめて。

8
そうこれでも
大人しくなったの。
前はもっと暴れて
流血覚悟の
爪切りだったから。

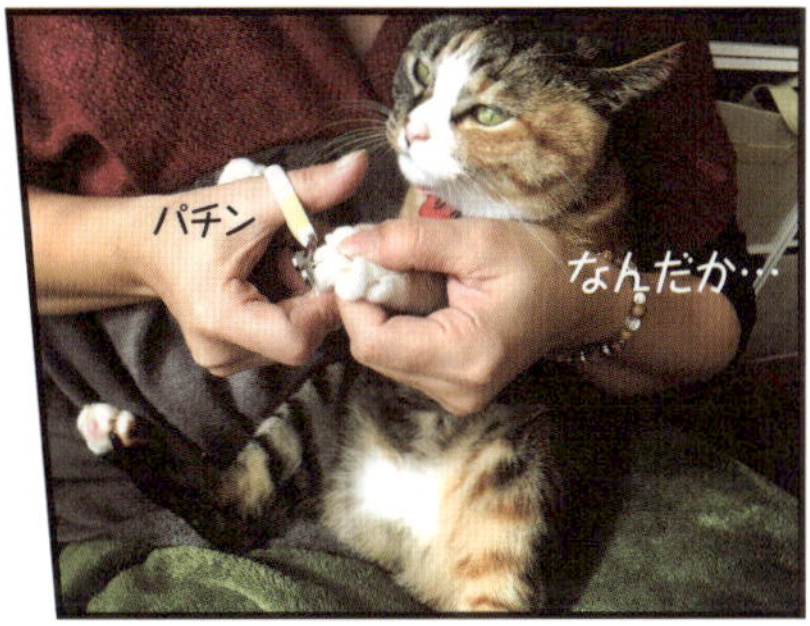

9
最近はご機嫌の
良さそうな時をねらって
手早く爪切りすると
流血はなくなりました。

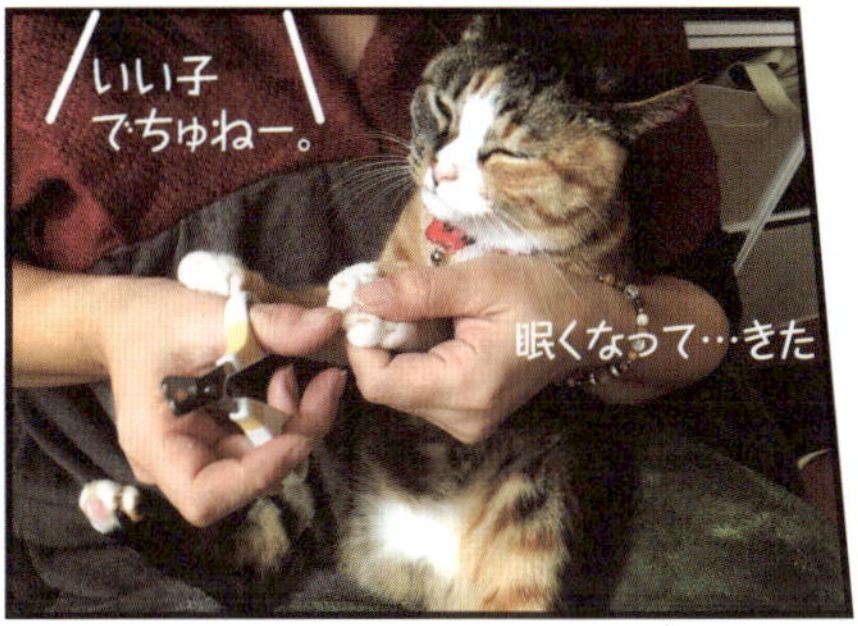

10
おだてて褒めて脅して…
今回は珍しく寝ちゃった。
猫様も私もお疲れ様でした
ヽ(´∀`)ノ

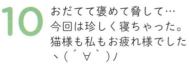

愛情表現？

うーん♥すりすり♥

1
昨夜凛さんと
まったり入浴中。
んー♥
凛さん
大好きだよ♥
なんて
いちゃいちゃ
していたら…

私がママのこと
どのくらい好きか知ってる？♥
教えてあげるね♥

2 うん♥

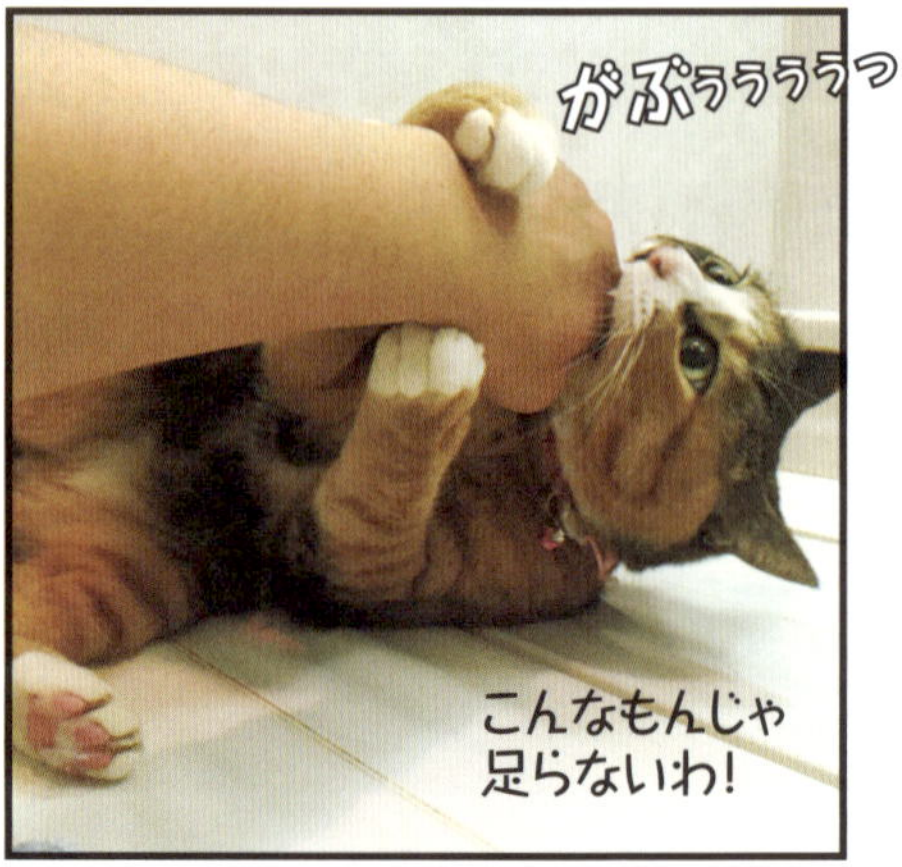
がぶぅぅぅぅっ
こんなもんじゃ
足らないわ！

3 あぁぁぁぁぁぁ（ΦдΦ）
愛情がっ！
溢れてますがな!!

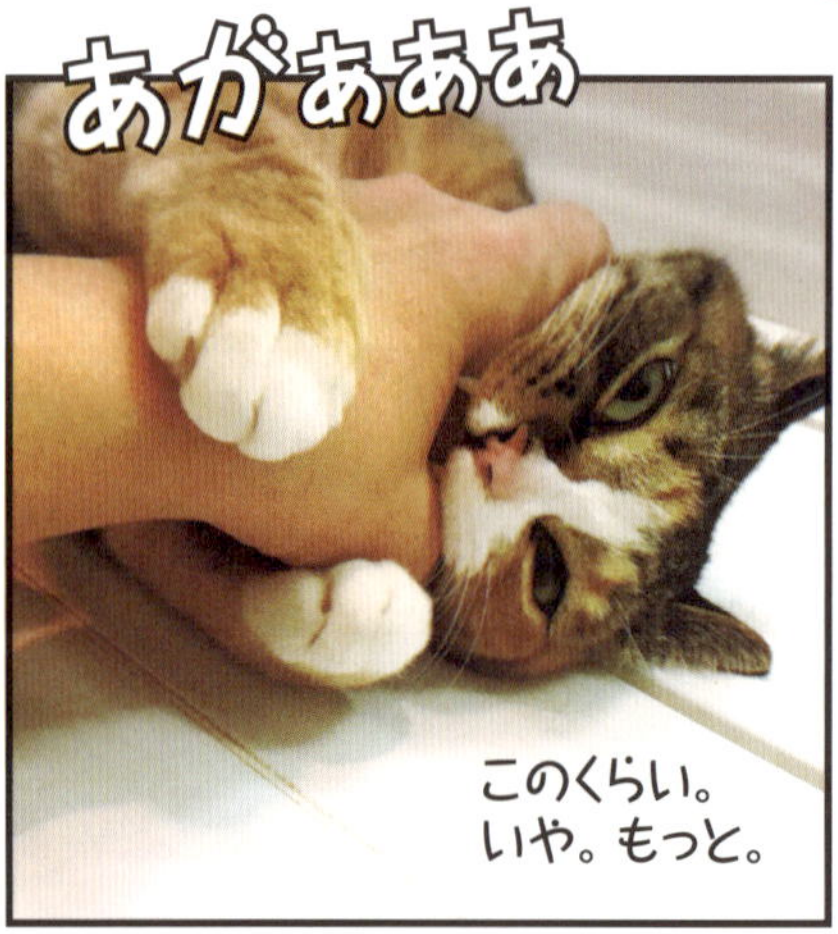
あがぁぁぁ
このくらい。
いや。もっと。

4 でも騒ぎ立てるとますます
愛情が深くなるので下僕は
クールに受け止めてます（;ω;）

これでもかっ
これでもかっ

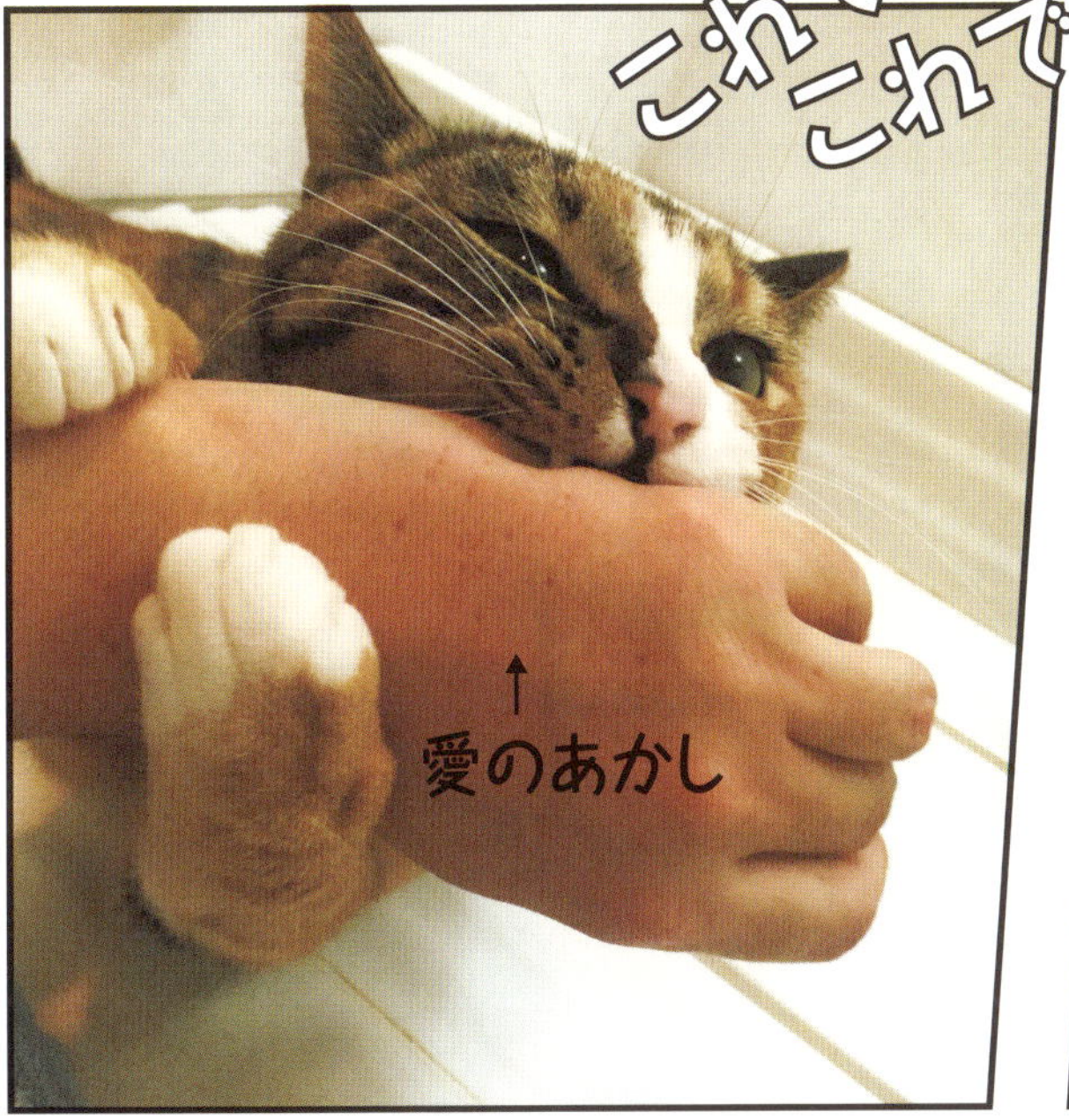
↑
愛のあかし

5

充分だよぉ！
充分
伝わってるよ！

グサ
足らない。
こんなんじゃ
全然足らない！

6

なんか趣旨が
違ってきてないか？
もーイイです。
もー充分です。
伝わりました！
わかりました！

7

そしてフォロー
…恐るべし猫女子。

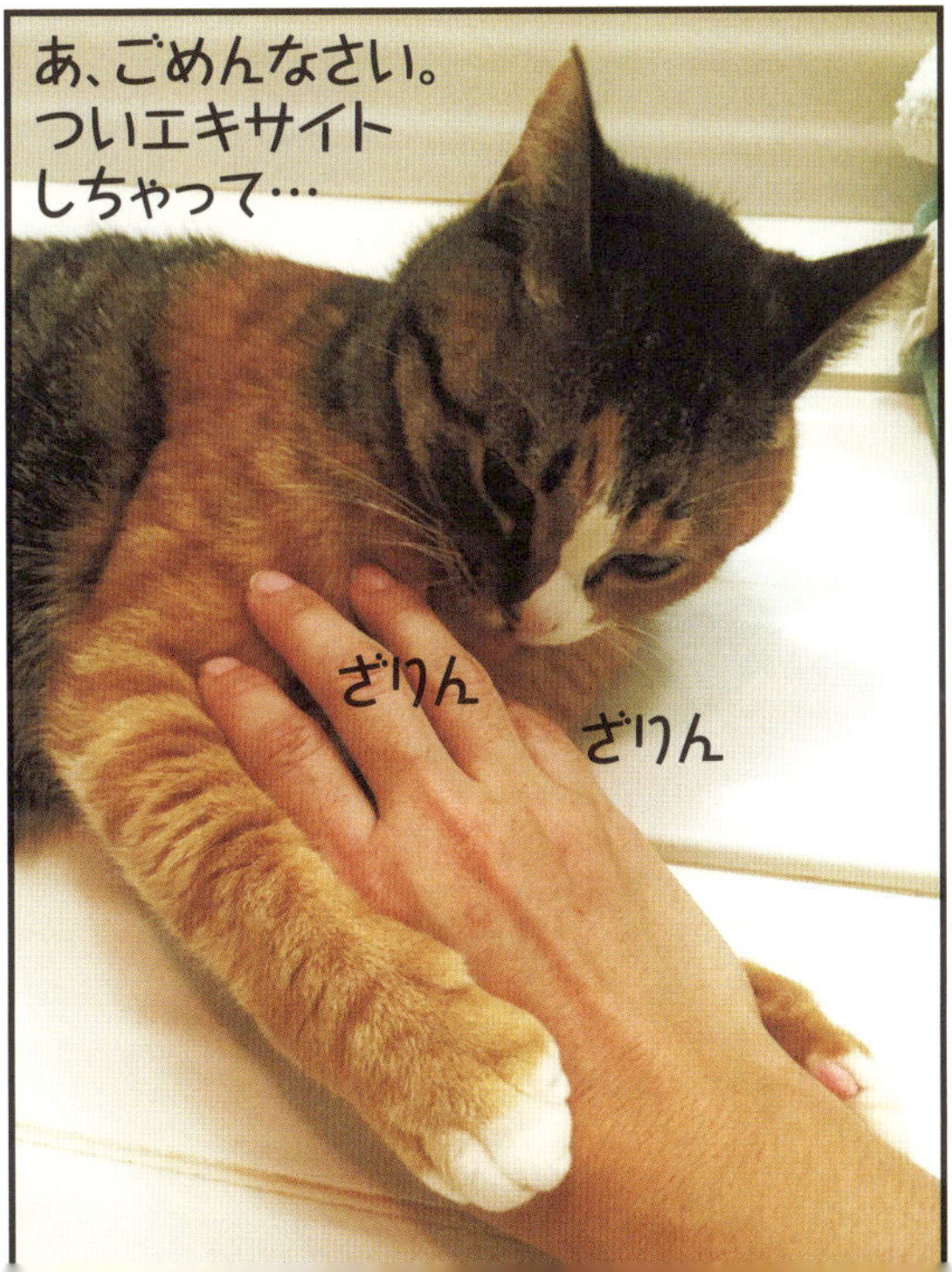
あ、ごめんなさい。
ついエキサイト
しちゃって…
ざりん
ざりん

うふ♥

猛アピールする時

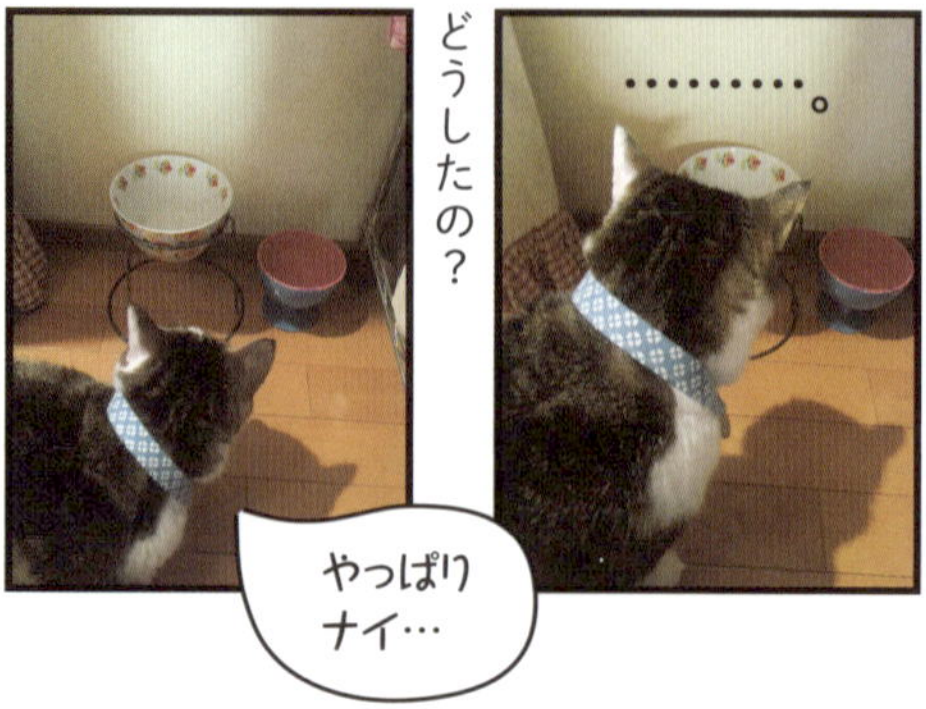
…………。
どうしたの？
やっぱり
ナイ…

1
ご飯の前で茫然自失と
たたずむシュウ様。

なぉ〜ん。
あの、あの！
すいません。
ご飯ないんですけどー。
なぉ〜ん。
なぉ〜ん。
ご飯ないんですけどー。
なぉ〜ん。

2
あーごめん。
ご飯なかったんだね。

なぉ〜ん。
ご飯ないんですけどー。
なぉ〜ん。
笑って
撮ってないで
ご飯入れて〜。
早くー。
なぉ〜ん。

3
ちょっと…やめてよー。
ご飯あげてないみたいに
思われちゃうでしょー。

なぉ〜ん。
それ！
それそれ。
それです！
なぉ〜ん。
早くしてー。
ガサっ
ガサっ

4
朝、ちゃんと足したでしょ？
食べちゃったのシュウ様でしょ？
はいはい。コレでしょ？
わかってますから。
ちょっと待って。

5

シュウ様はこう見えても
大食いではありません。
ちょこちょこ食いです。

んはぁー
んはぁー
ガツガツ
うまうま

6

ヒトのご飯にも
興味を示しません。
ただ…
ご飯ないんですけどー
アピールは
すごいんです…

まったく!
食いしん坊みたいに。
失礼だな。
この魅力的なボディーを
維持するのも
大変なんですよ!

はぁ〜?

本物の甘噛み

1 シュウ様が
けしからん格好で寝ていた。

ん…？

2 もちろんモフりたい。
いや、嫌でもモフりますけどね！

モフりたいのかね？

3 えーっ！ 理不尽な。
そんなモフ腹見せて
おいてダメって…
ミニスカート履いて
階段登ってるクセに
「のぞくな！」っていう
ぐらい理不尽だ!!
悪いけど**嫌でも**
モフりますからね！

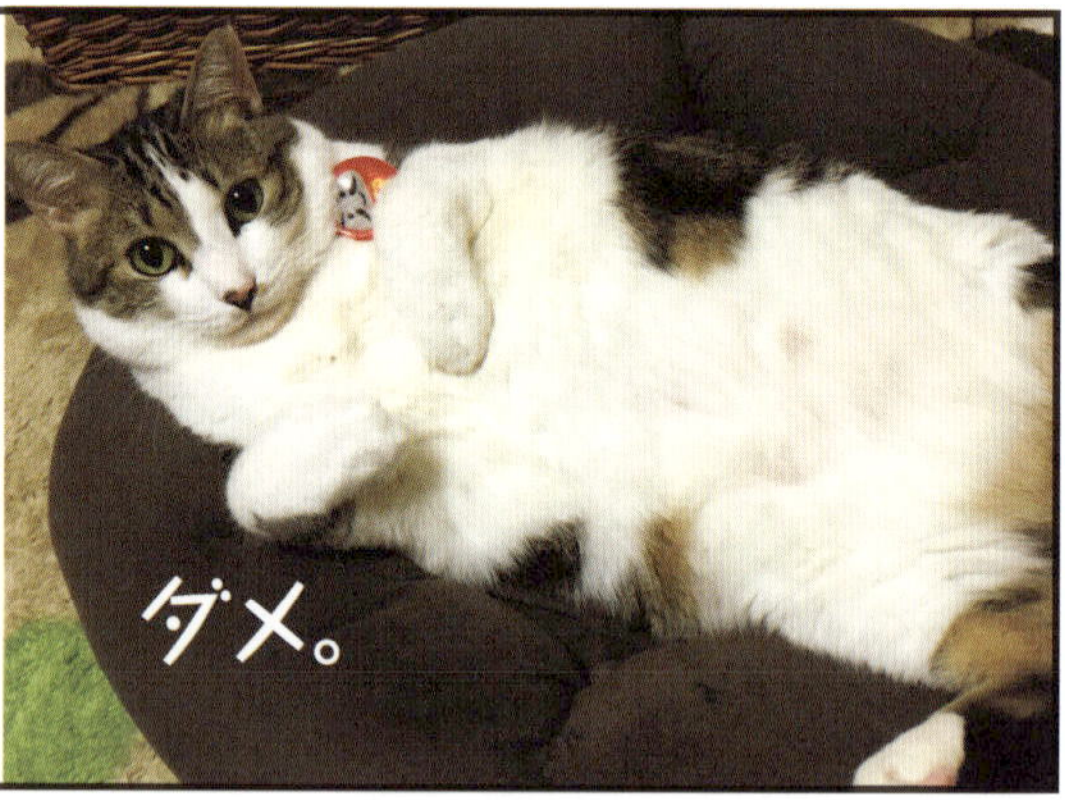
ダメ。

んもぉぉぉぉー
シュウもうオコですよ。
じゃき
じゃき
ぷんすこ。

4 あ、珍しい。
怒ってる…のかな？

かぷ

5 あぁぁ。シュウ様に噛まれたの
初めてかも。そーよね。そー。そー。
甘噛みってこういう事を言うのよね。
凛さんの甘噛みに慣れているので
シュウ様の甘噛みは
新鮮で甘美でございました(*´艸`)

違うの？

箱入りムスコ

1

いえ。
ちょうどいいんです。

どうして猫様はキツめの箱が
好きなのかしら？

2

ほら。
しっくり…

ゆったりサイズの方が
ラクなのに…。

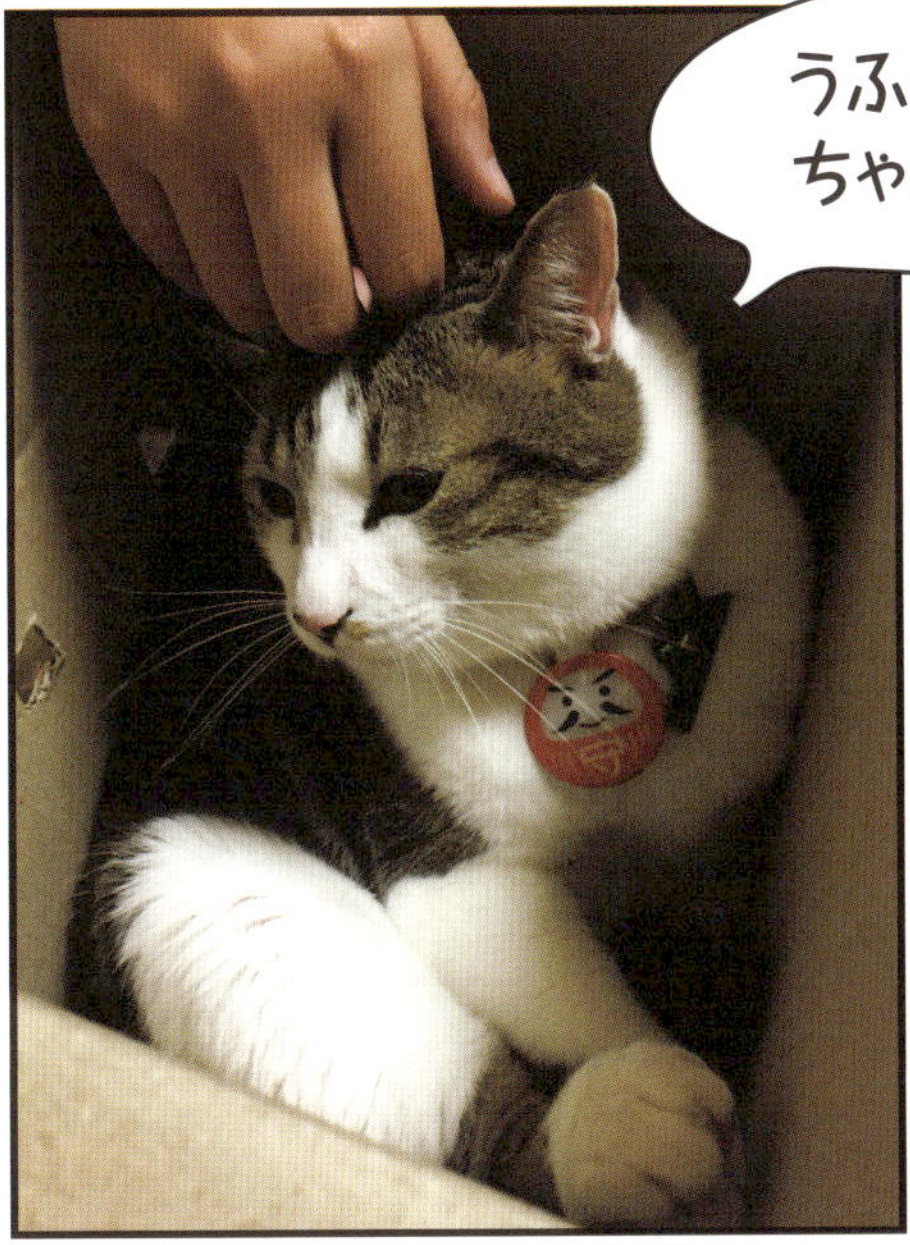
うふふ❤
ちゃんと収まるよー。

3

わかるぞ！（ΦдΦ）
これワンサイズ上ありますか？って聞いて
ウチの店はこのサイズまでです…
って言われた時の衝撃。
そして少し頑張れば着れるかも。
ダイエットする予定だし…
っていう服ある！ある！
そーゆー感じなのかしらねー（←違う）。

4

……。
ちぇーし
ちぇーし

参考までに、同じ箱に入った凛さん。
同じ「収まる」でも何か違う…
あー。サイズに余裕ないって
ああ見えるんだねー（ΦдΦ）
勉強になるわー。

収まってるし

火曜ニャスペンス

1

♪ジャジャジャーン↑
ジャジャジャーン↓♪

本日は、

「湯けむり美人女将の名推理
元人気ホストに起きた
悲劇の真相は！
うごめく愛憎！
ダイイングメッセージは
ハッピーターン？」

をお送り致します。

とある、のどかな午後
それは起こったのです。

首に絡みつく青いヒモ
手元にはハッピーターン…
いったい彼の身に何が!!

2
あっ
湯けむり美人女将！
もうわかったのですか？

3
偏見ですよ
…ソレ。

4
湯けむり美人女将の
調子がイマイチなので…
私が真相をお話しします。

5 さかのぼること約30分…
元人気ホストは
元気に遊んでおりました。

6 いつもより
ご機嫌でした。

7 そのうち…
様子が急変。

……。

8 意識が遠くなり…
あの状態になったという…
ハッピーターンは
ムスコ2号が落として行ったものという…
真実は小説より奇なり。
ですね（笑）←違う？

ミステリーね

シュウ様のオッサん化

1

昨日は寒いし雨降るし。
そんな日の猫様は
ほんと寝子様。

最近シュウ様が
オヤジ化してる気がする…

スコ座りといえば
聞こえがイイけど
オッサん座りだがね。ソレ。

2

あぁ。「ねこかつ」であんなに
輝いて見えたイケニャンホストも
家に連れ帰って甘やかせば
この体たらく…

3

夫婦と一緒ね…(笑)
どんなにオッサん化してもまぁ、
くつろいでくれてるってことよね？
じゃまぁ、仕方ない(笑)
それが家族だよね。
私もモフ腹依存だし…

4

どんなにだらしなく
どんなにオッサん化しても
こーした姿を見れるのは
下僕冥利に尽きるというもの♥
これが幸せ。
ありがとうございますヽ(´∀`)ノ

寝過ぎね

女子風呂

1

寒くなると凛さんとのお風呂タイムが増えて嬉しい♥

バシバシっ
あ、もう少し強めにお願いします。

もー腰パンというより腰バシ。

んべ。んべー。

私が体を洗っていると凛さんもグルーミング。やっぱり女子は風呂でメンテナンス（笑）

2

凛さんをエアシャンして私ものぼせてきたからシャンプーしようかなぁ。

おかゆいところはございませんか？
あ、もうちょっと右お願いします。

3

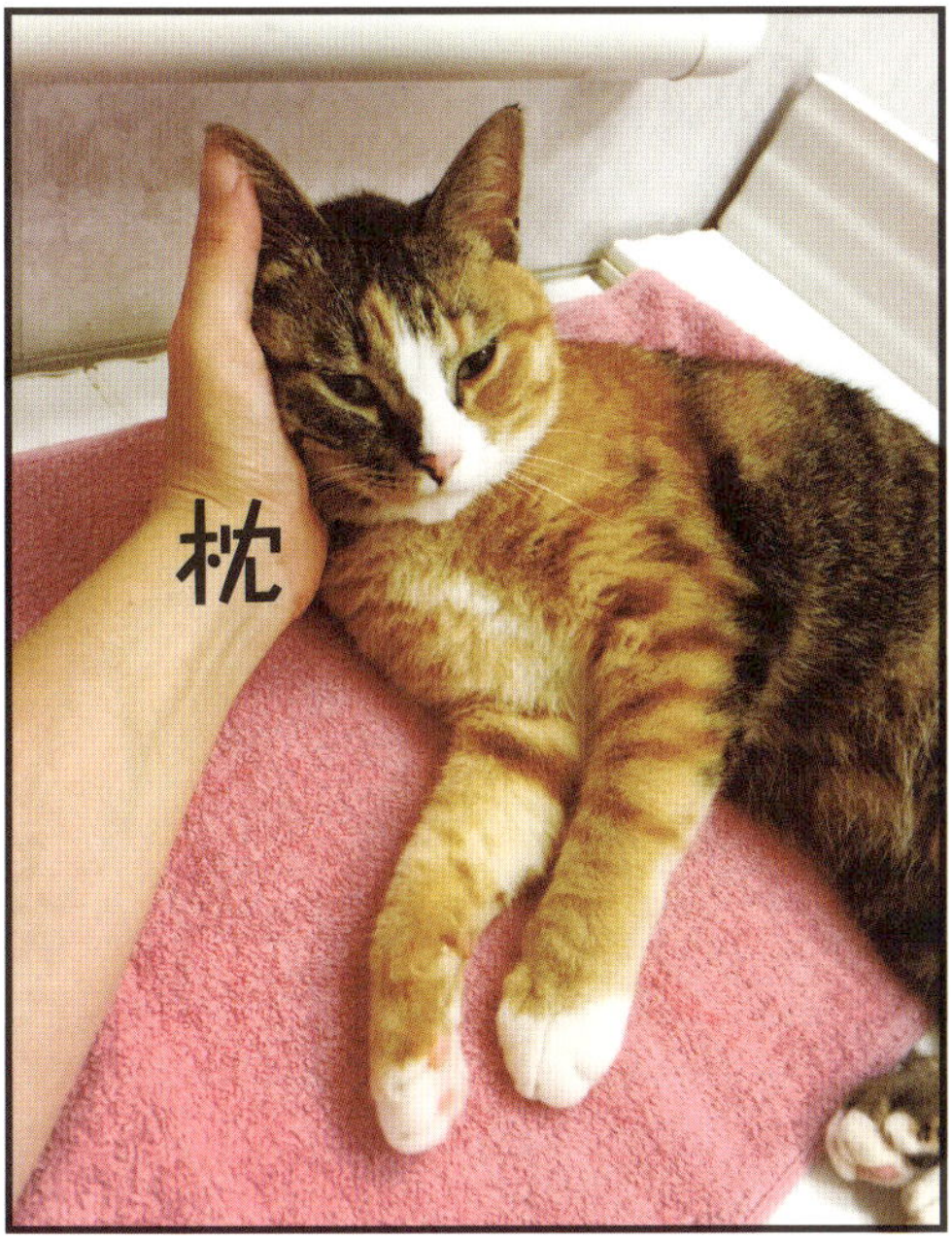
枕

あのー。枕にして頂いて嬉しいのですが…下僕はそろそろのぼせてます。

4

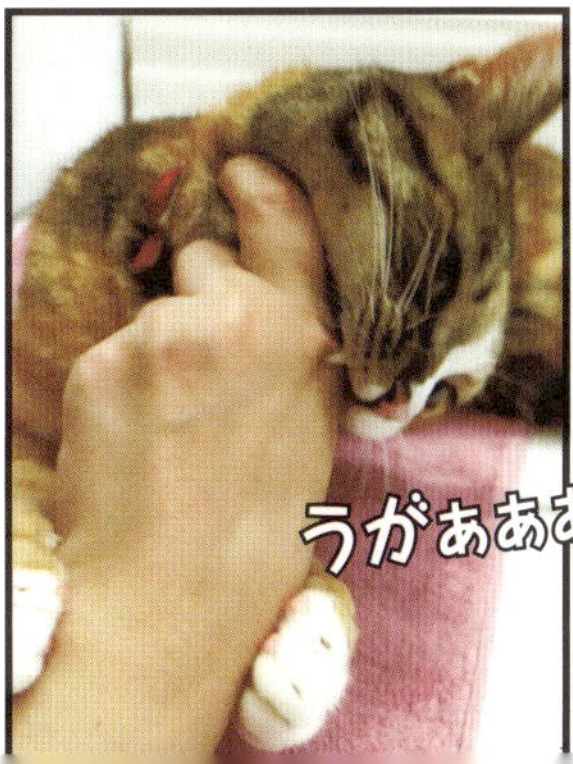
うがぁぁぁぁ

あぁ…(;ω;)お約束…
ありがとうございます丶(´∀`)ﾉ

大変だね

食い込む…食い込む…

1

首輪とネームプレートを新しくしました。
今までいつもテキトー手作り首輪だったので
被災動物写真展の時に買わせて頂いた首輪にしました。
やっぱり、テキトー手作りとは違うね。しっかりしてる。

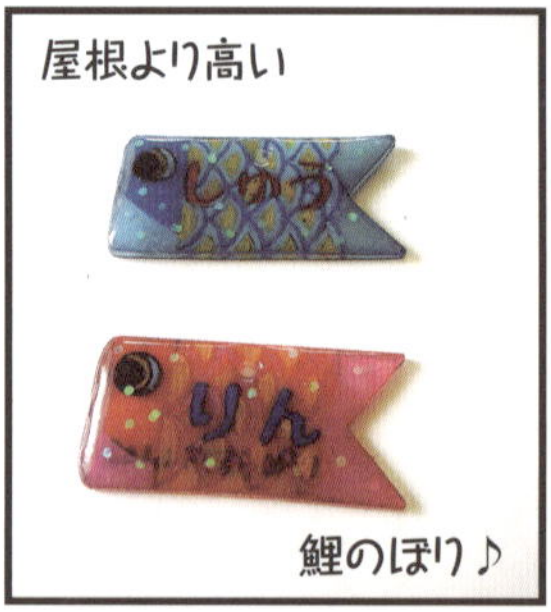
屋根より高い
しゅう
りん
鯉のぼり♪

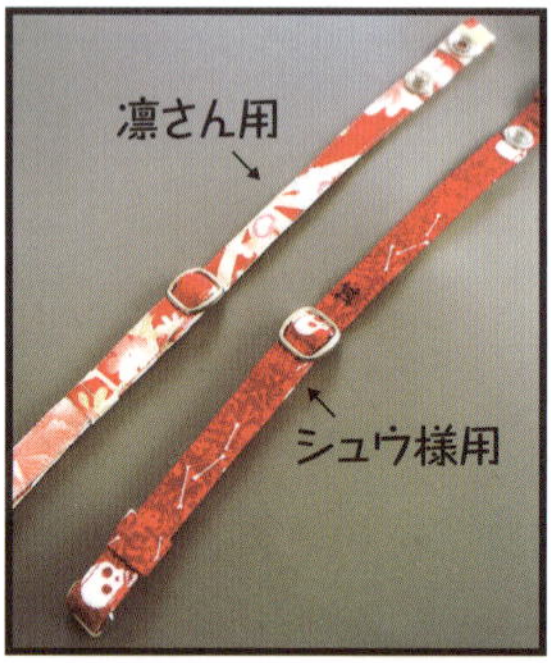
凛さん用
シュウ様用

もうダルマ
いいんじゃない?
2

ダルマはもうちょっとつけてようか。

それにしてもシュウ様の首輪…
限界まで大きくしたけど…
今朝のママのスカートみたいじゃない？

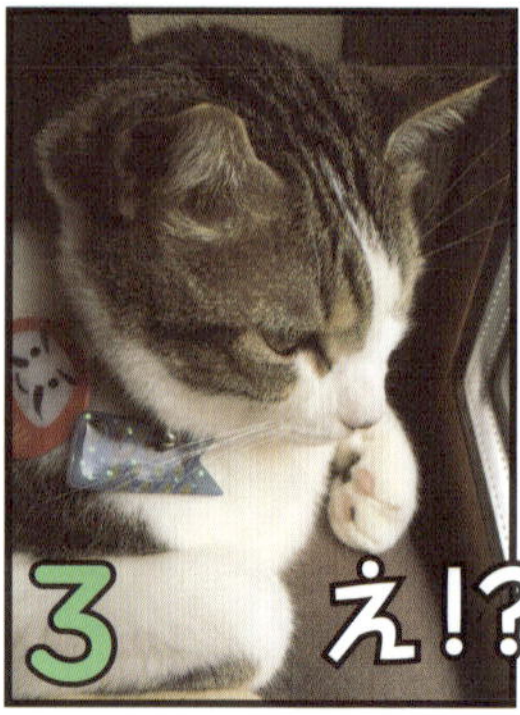
え!?
3

いや…
食い込んでない？
それ。

気のせいです!
4

あ、ギリ指2本は入るけど…
埋もれてる…
ないと思うけど、これ以上
大きくなったら
猫用は卒業？ 中型犬用
とかになっちゃう？

キツくなんかないですよ。
やだなー。
まだ既製品使えますから。
犬用…
僕猫ですし。
5

わかるよー。シュウ様。
既製品入るから大丈夫。
でもお互いそろそろ
限界かなぁ。
ママも頑張るから
シュウ様も頑張ろうかー。

6

凛さん！ 笑わない！
少し体の大きい人はスリムな人の
そういう態度に傷つくんだよ！

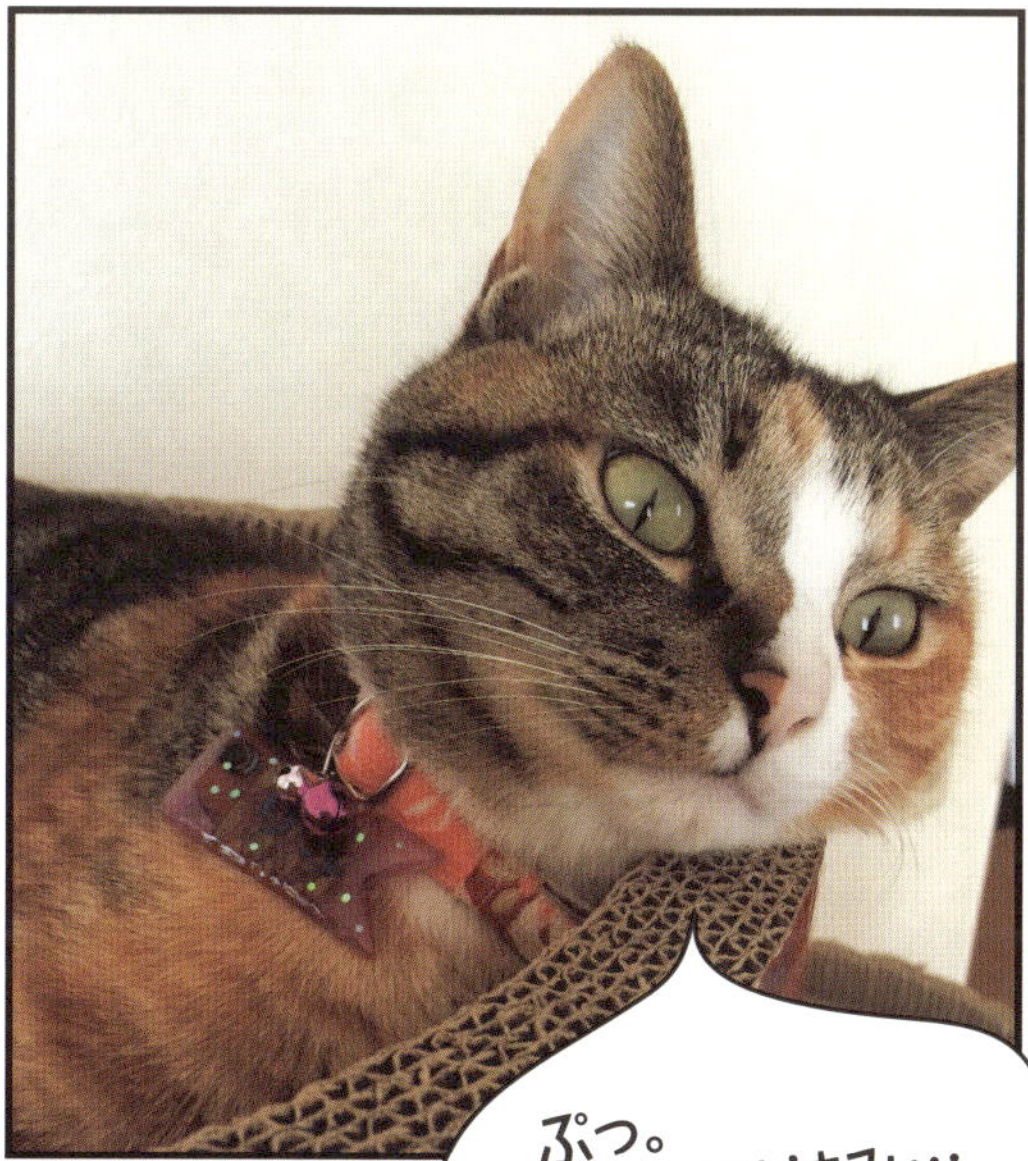

ぷっ。
猫用が秒読み…

7

うすうす気づいて
いたけど…

美味しいものが好きで
動くのが嫌いなだけ。
そう、それだけなのよ。

8

もうほぼ
猫じゃない生き物よね。

そりゃ、凛さんと
比べるとまるで別の
生き物のようだけど…

9

そりゃ…後ろ姿の丸さに
ママもビックリする時もあるけど…
（ママも鏡に知らないおばさんが
写ってよくビックリするし…）

そうね…トド？アザラシ？
っていうか泳げないし。
新種ね！ すごい！
ある意味最先端。←（棒）

10

僕、猫だもん…
まだ…猫だもん…

大丈夫だよー。シュウ様。
シュウ様は少し大きめなだけで
立派なモフ猫様だよ。

ぷっ

コラムマンガ①　卵山玉子

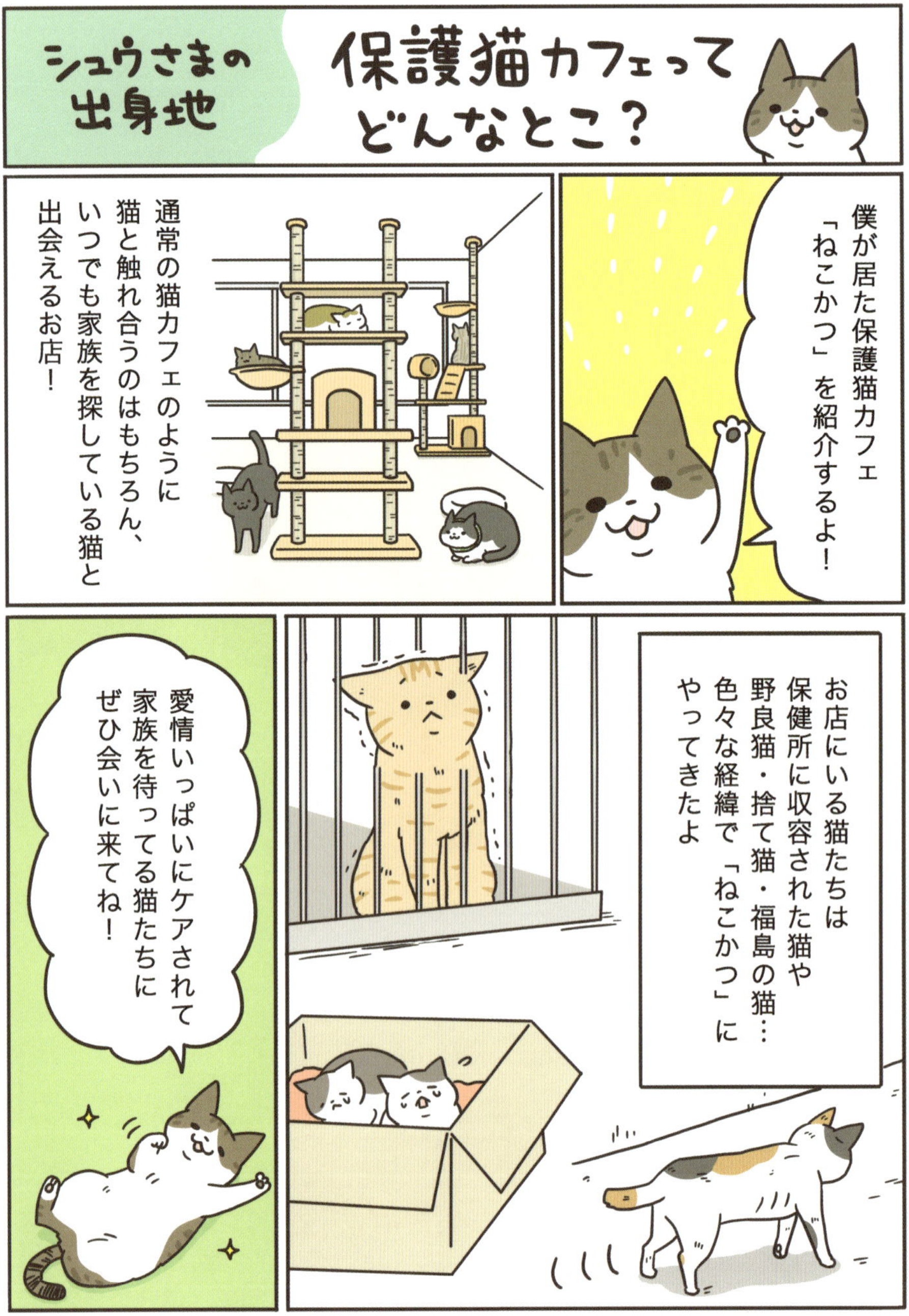
シュウさまの出身地
保護猫カフェってどんなとこ？
僕が居た保護猫カフェ「ねこかつ」を紹介するよ！
通常の猫カフェのように猫と触れ合うのはもちろん、いつでも家族を探している猫と出会えるお店！
お店にいる猫たちは保健所に収容された猫や野良猫・捨て猫・福島の猫…色々な経緯で「ねこかつ」にやってきたよ
愛情いっぱいにケアされて家族を待ってる猫たちにぜひ会いに来てね！

心も体も傷ついて
人馴れしてなかったり
ハンディのある猫ばっかり
なんじゃない？
モフモフ
そんなこと
ないよ〜〜！
落ち着いていて
毛並みはピカピカ、
ゴロスリな子ばっかりだよ！
一緒に遊んでほしいな
一度行ったら
猫を引き取らないと
悪い気がする…
そんなこと
ないよ〜〜!!
普通の猫カフェのように
猫と遊んで癒されて帰るだけでも
入場料を払うことで
猫たちの支援になるよ！
入場料
保護猫
カフェ
支援

凛

そーいえば、あんた
保護猫カフェ出身なのよね？
猫カフェとはなにが違うのー？

シュウ

猫カフェは血統書付きの子がペットショップや
ブリーダーから買われてきて
お客さんを癒すんだけどー。
保護猫カフェは猫のための場所ってとこが
一番違うかなー。
ここにいるのは、飼い主さんが亡くなってしまったり
捨てられてしまったりで
保健所に連れてこられた猫や、野良猫だったり、
福島の被災猫だったり、多頭飼育崩壊…
飼いきれないほど猫を増やしてしまった
おうちの猫だったりとかで、
新しい本当のお家を探している猫が
お迎えを待っている場所なんだー。
僕はちなみに大怪我して行き倒れて保健所に…
殺処分直前から生還した奇跡の男なんだけどね。

凛

へぇー。奇跡の男ねぇ…
保護猫カフェと猫カフェ
保護が付くのと付かないのでは
すごい違いねー。

シュウ

まぁね（←どやっ）。

凛

すごいのはあんたじゃないけどね！

第2章 ストーカー猫と遥かなる猫団子への道のり

シュウ様が
うちの家族に
なることになって、
憧れたのは凛さんとの
ほっこり仲良し猫団子♥
ところが現実は
そううまくは
いかないのでした…

純愛とストーカーの狭間で

1

最近のシュウ様の
お気に入りスポットは階段の途中

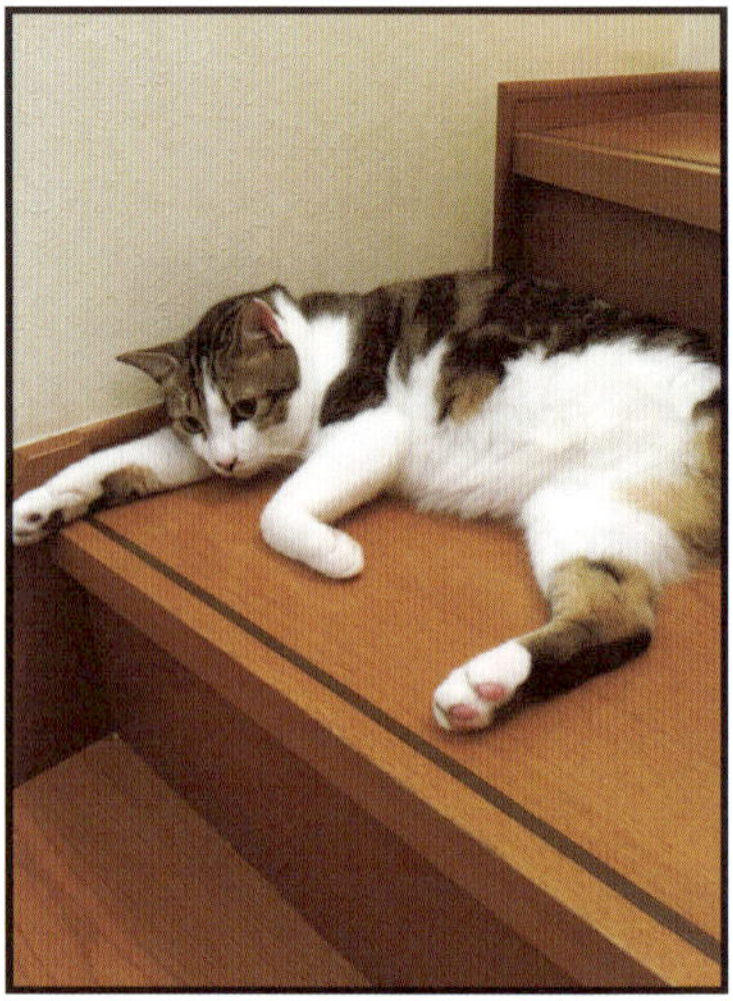

2

視線を感じて振り返れば
背後には凛さん。

3

凛さん本日も全力で
ストーキング中です。

………。
その愛が早く伝わるといいね。

4

無人島に流れ着いた
2人の男女…みたいな？

5

くっつくしか選択肢
無いんだからさー
諦めて仲良く
なっちゃいなよぉ～

密着！2分40秒

1 昨日のひとコマ。ストーキングの始まりをカメラに収めることができました。おトイレ帰りの凛さんがシュウ様を発見。

2 すぐさま追尾開始。

3 その動きに
ムダもちゅうちょも
ありません（笑）

4 存在をアピールしようとしますが
無敵のゴーイングマイウェイな
シュウ様の目には止まりません。

5 こーゆーところがオトコだな、
ヒトも猫様も一緒だな。
なんでヤツらって気がつかないの？

6 シュウ様の視線の先には
シュウ様には狭すぎる窓。

7

意を決して飛びつきましたが
猫様とは思えぬ音と
身のこなし…(-ω-;)

8

そして今頃気づく
シュウ様…
ずっと見られてましたよ。
凛さんと私に。

9

こうして日々
シュウ様の
警戒監視活動と
凛さんの
ストーキングが
つつがなく
行われて
いるのです。

今朝の様子です。ムービーや写真を撮り
損ねたので勇気を出して描いてみました。
あまりの画力のなさに震えました
(ΦдΦ)

本日の手合わせ①

1 無言で見つめ合う…というより
ガン付け合う御二方。そこはもう
「居合い」の様なピリッとした空気…。

2 凛さんが突然猫パンチ。
それを華麗に去なすシュウ様。

3 すると突然すりんすりん。
ごろんごろん。を始める凛さん。
しかし二方の視線は決して
相手から離さない。

4 その間ずっと無言。
そして振り出しに戻る。

にらみ合い＆猫パンチの応酬、からのー
凛さんのゴロゴロすりんすりん。またにらみ合い…
コレを5セットくらいやっていた。
これ何プレイ？ 雰囲気伝わったかしら…不安だわ。
久々に晴れた忙しい朝に
この3枚書くのに1時間かけました。
クオリティーではなく、そこを評価して頂きたい！

愛嬌ナシ

1 ちょと地方は
久々に晴れました。

2
ご機嫌が良さそう
だったのであまり
お好きではない
ブラッシングを…。

3
ひとすきでこの毛量 Σ（ＯωＯ）
もっとすきたいけど
そろそろ限界かな。
今日はここまでで。

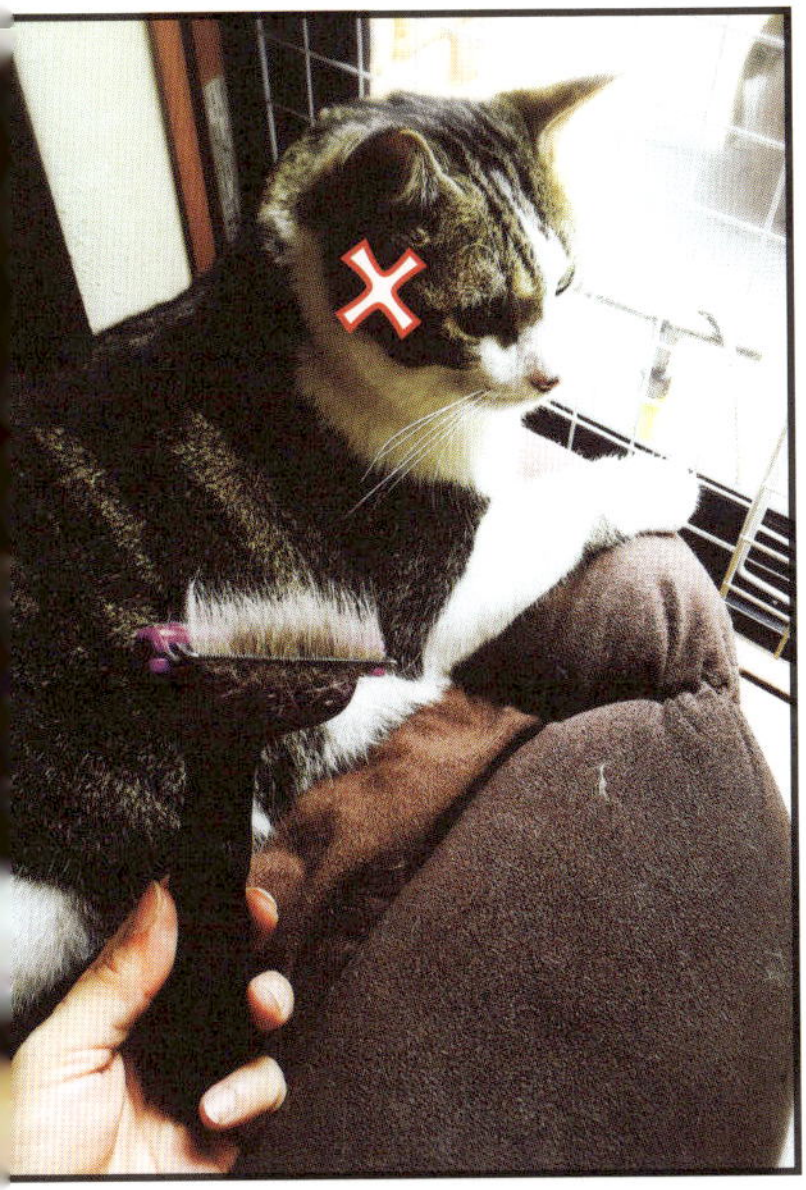

4 そして今日も見つめてる凛さん。
でも…見つめる目が
真剣すぎてコワい（笑）

5 女の子は愛嬌よ。
凛さん…。

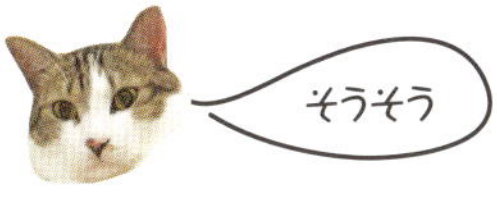

ブレない心

1

ストーキングに土曜も日曜もありません。
ブレることない凛さんのストーキング魂。

じい〜
SHU
あ、あのー
さっきのご飯おいしかったんで
いつもアレでお願いします。
あ、あとー
窓際のベッドなんですけどー
ちょっとヘタってきてるんでー

2

あ、はい。でもあのご飯は…
亡くなった先住猫のあんちゃんに
お供えしてたシー○。
食欲のない凛さんに
食べてもらおうと思ったら
ガッツリ食いついたのが
シュウ様で(- ω -;)

ガツガツ
さっきのアレ

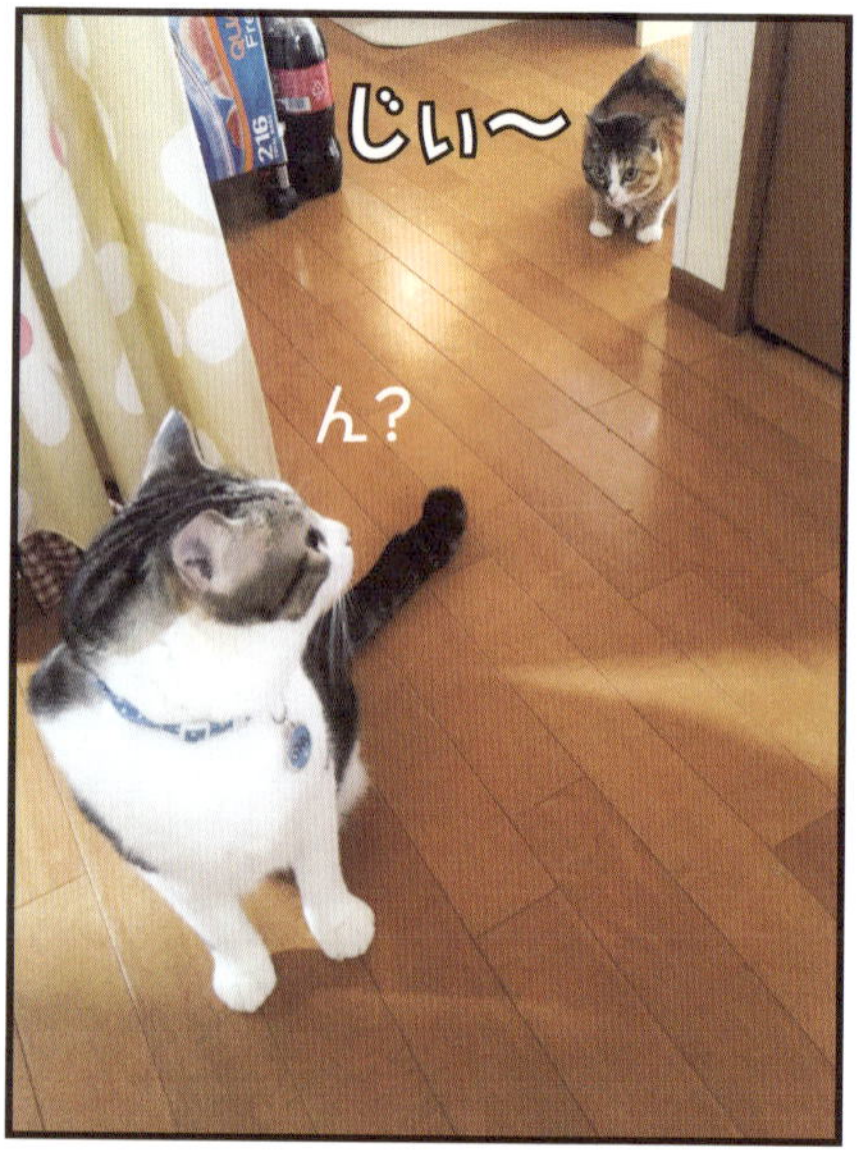
じい〜
ん?

3

結局シュウ様が
完食しちゃったんだけどね。

じい〜
めっさ見られてる…
なんかしたっけ?
いやなんにもしてない…はず。
ってことはいつものアレか。

4

ん。○ーバの件は
凛さんにバレてないから
きっといつものアレだね。

うとうと…
今日こそ言ってやるわ。
態度と体デカすぎ！
私のサークル使うな！
あと、あと…

5

仲がいいわけじゃないのに
なぜか同じ所にいることが多い。
ヒトの場合、そーゆー場合
極力避けてみたりすると思うんだけど。
確実にシュウ様のあとを追ってるよね。
凜さん単体で階段にいること滅多にないもん。

6

うーん(-ω-;)

???
あのさっ
あんたのサークルでかすぎ！
あ、違っ #&@#%&
……か、カン違いしないでよね！

7

ホントに
なんなんでしょうねー。
好きだから側にいたいのか
警戒監視活動なのか…
両方なのかなー。

カン違い…
噛んじゃった…

どしたの？

ハナシの長いオンナ 聞いてないオトコ

1 朝から凛さんとシュウ様が何かやってらっしゃいました。どうやら爪磨ぎを独り占めしようとしてるらしいです。

2 あ、ムスコ２号が登校です。

3 そして
まだ続くみたい。

4 そんな力一杯
すりすりしなくても…

5 あーあ。
ゴミも散らかるしー。

6 半回転しちゃってる。

7

8

で、凛さんが去り…
数秒後。

あれ!?

9

いーの？ ついさっきまで…
あー。なんでだろうねー。
オトコって話聞いてない!!

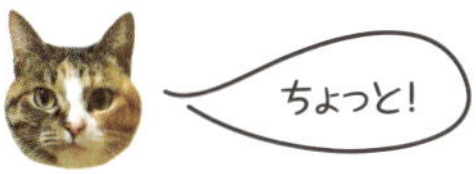

階段劇場

1 なにやら騒がしかったので
行ってみたら小競り合い中…。

2 ところがいきなり
休憩に入る凛さん。

3 ママはふたりに
仲良くして欲しいなぁ。

4 しばらく見つめ合う。
というよりにらみ合う。

5 仲悪いなら
側にいなきゃいいのに…

6 お、凛さんが立ち上がりましたよ。
もう止めとけば？

7 そうだね。
シュウ様賢い!!

8

そして場所と時を変え
第3ラウンドね(- ω -;)

絶対領域

1

絶対領域…それは「何人にも侵されざる聖なる領域」のこと。
50cm 仲良くルンバ観察。

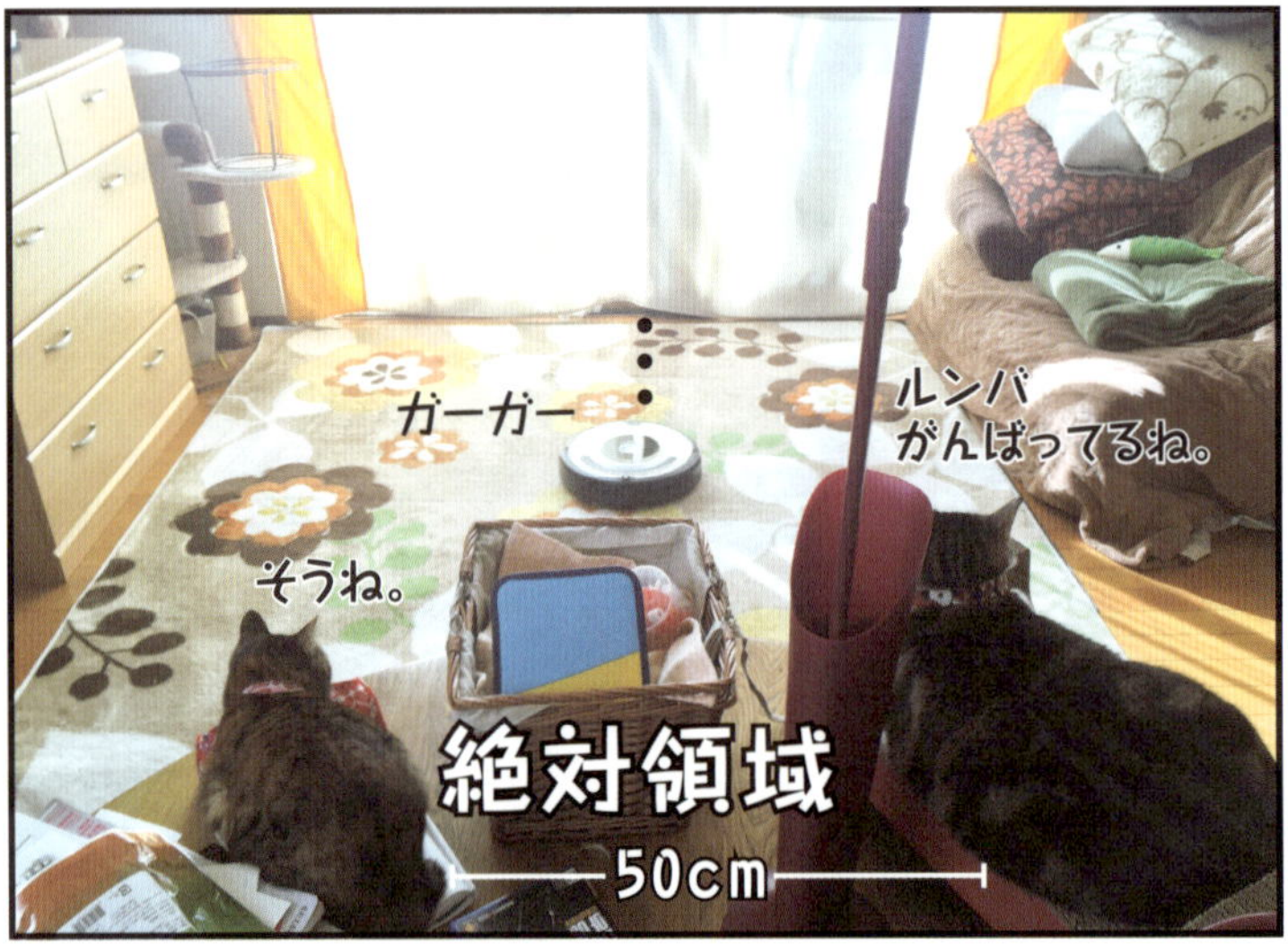

2

45cm
問題なくツーショット撮影。
ところが!!

3

時々凜さんが領域を超えようと
果敢に挑戦するのですが…

4

なかなか
超えられません。

5

うーん。27cmは失敗。
やっぱり限界は30cmなのか…

6

なのに！
ふたりでなに見てるんだろ～？
超えようとしても無理なのに
自然に超えてたりする（笑）
でも決して0cmにはならない。
それがちょと家の
絶対領域なのです。

本日の手合わせ②…寝技

1

いつもご観戦ありがとうございます。本日は寝技の教練を兼ねた手合わせのようです。

2

寝技は凛三段の得意技だと思われがちですがやはり普段から寝転んで生活しているシュウ四段は鍛錬が違いますから…

3

出ました。シュウ四段の最高に怒った猫のかまえ。最高に怒っているんだけど…なぜか見る者をほっこりさせるシュウ四段の特技ですね。

4 凛三段も負けずに寝技ですね。
いつもの参ったフリのかまえに
コロンコロンを入れた
コロンコロン参ったフリのかまえ…さらに

5 コロンコロンにチラッを加えた
コロンコロンチラッのかまえ。
さすが小悪魔系女子の凛三段。
これにはシュウ四段もノックアウト…

6 かと思いきや、
しっかり合わせて対応してくる。
この辺に三段と四段の
違いがありますね。
今日もご観戦
ありがとうございました。

平和的解決

1
ムスコ1号に
鉢ベッドに入れられたシュウ様と
シェル鉢ベッドでお休み中の凛さん。

2
せっかくなので
ご対面させてみた。

3
雰囲気悪し…投げ込むタオルを
用意しつつ見守ると

4
逃げるかなぁと思いきや
土俵際で踏んばるシュウ様。

5
どちらもベッドから
一歩も引かず…。

6
実際に逃げることなくどちらも
夢の世界へ逃避なさいました。
平和的解決ヽ(´∀｀)ﾉ

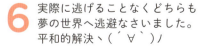

シンクロ率高め

1

今日はシンクロ率が高いねー。

こんな日もあるのにねー。

2

ハーモニクス値も正常です。→使ってみたかっただけ。

3

何気に気があうんじゃない？と勘違いしてしまいそう（笑）

4

意外と寝るタイミングも
一緒だしさー。
どちらかが寝ると寝て
どちらかが起きると起きて…。

2号か…。
2号か…。

5

そこまで一緒なのに
起きてる時は仲良くはない。
ってどーゆーこと？
不思議だわー。

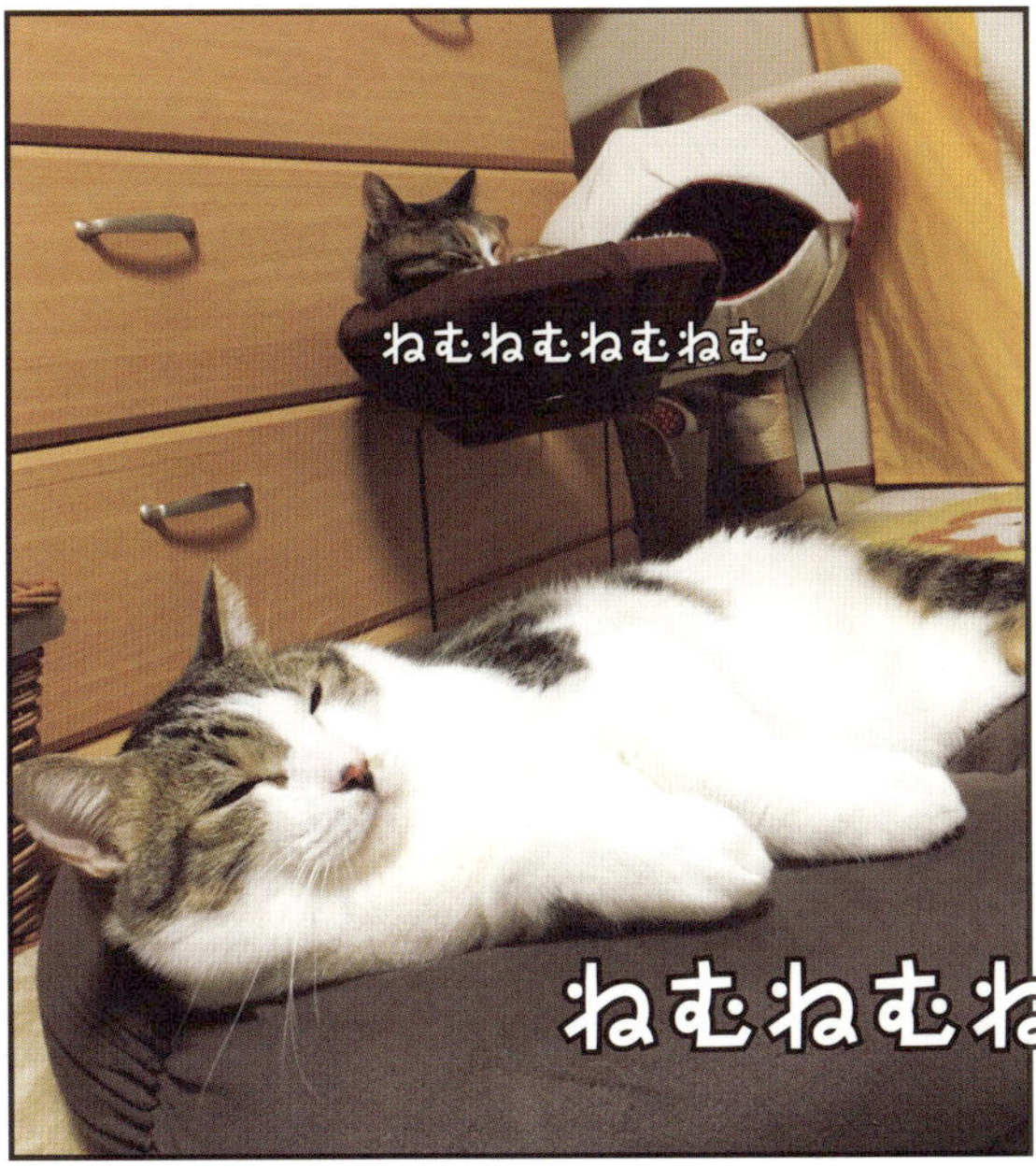
ねむねむねむねむ
ねむねむねむねむ

やめて

あとー歩なんだけどなあ

1 おふたりが
まったりいい感じ。

2 あら。ちょっと距離も
雰囲気も良いんじゃない？

3 ほら、もうちょっと
近づいていいんだよ…。

4 ほらほら
もう少し…♥

5 ってやっぱりこうなるかー。
あと一歩！ なんだけどなぁ…。

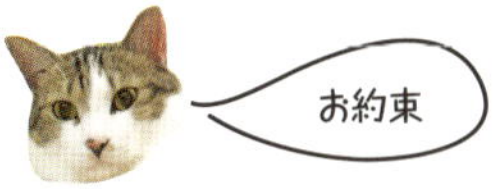

大きさ比較

1 ぎうぎうの
シュウさま。

ぎうぎう

2 同じモノなのに
凛さんはすっぽり。

ぐうぐう

え?
ぎうぎうとか
みちみちとか
何言ってるの?

3 繰り返しますが
同じベッドです(笑)

よく寝たわ〜。

4 こう見るとやっぱり大きさの違いが
よくわかるよねー。

放っといて

意外と近い

1 お出掛けしようと思ったら！
見て!! 今日近くない!? 凄くない？
ちょっと1人でテンション
上がった〜ヽ(´∀`)ﾉ
もう少し寄ってくれてもいいのに…。

2 外から見たら
こんな感じ。

3 今シーズンは
これが限界かなぁ…。

ガチ奇跡への一歩！

1 かねてより仲が良いと評判の
ウチ猫様たち…でございますが

（少し私が手助けしたりして）
親睦を深めてまいりました。

時にからみ合い…

時に見つめ合い。

2 そんな、おふたりが…

3 先日、猫風呂で…

4 奇跡への一歩を踏み出されたのです!!

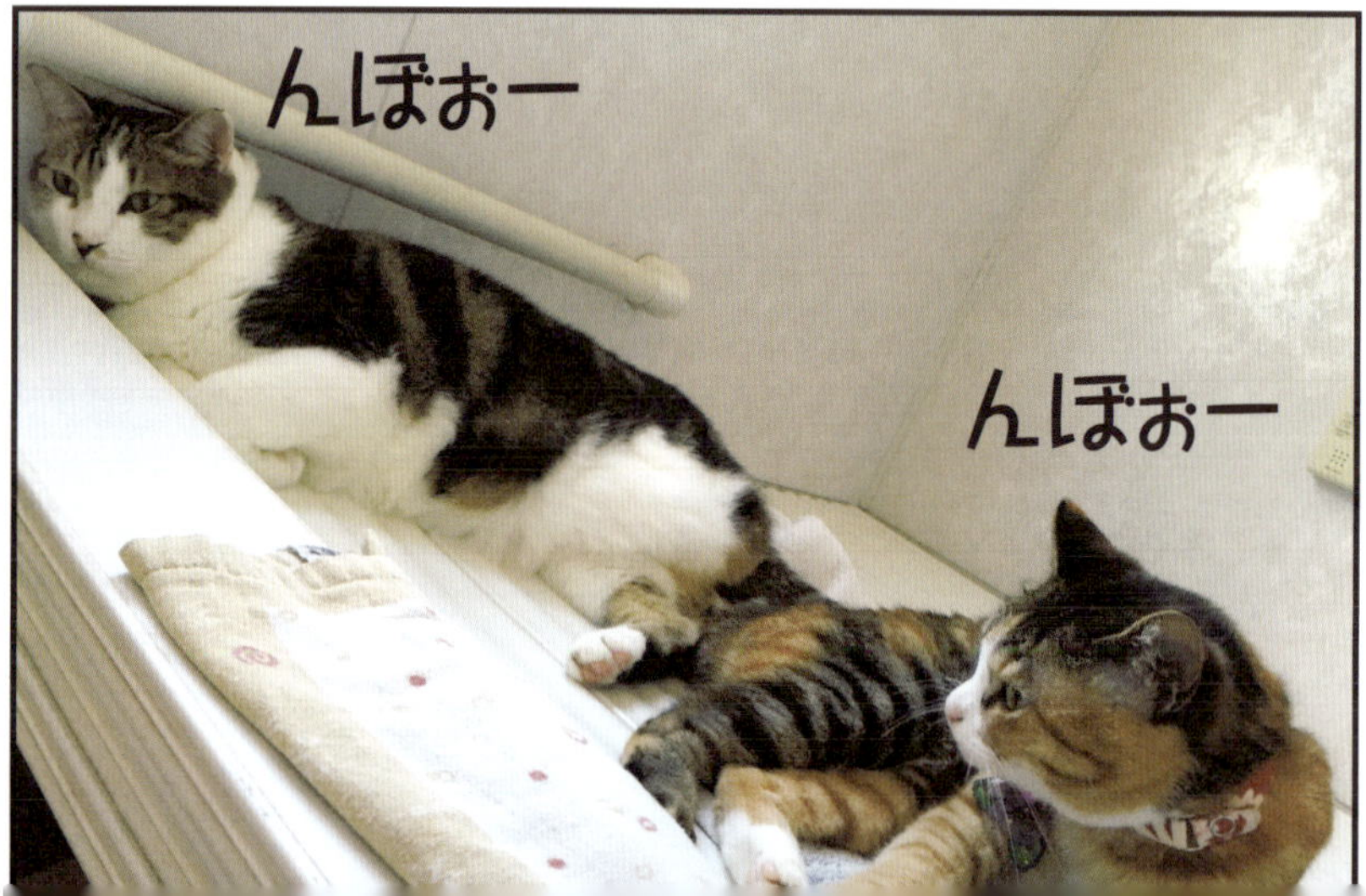

5

見たときは心臓が
止まるかと思いました。

6

なにが奇跡かって…
そりゃあなた！
NOヤラセ
なんですよ!!

7

いざ目の当たりにすると
びっくりしちゃって
泣けないものですね…。

8

あのふたりが
私の関与なく
触れ合うなんて…
今頃になって
泣きそうです（笑）

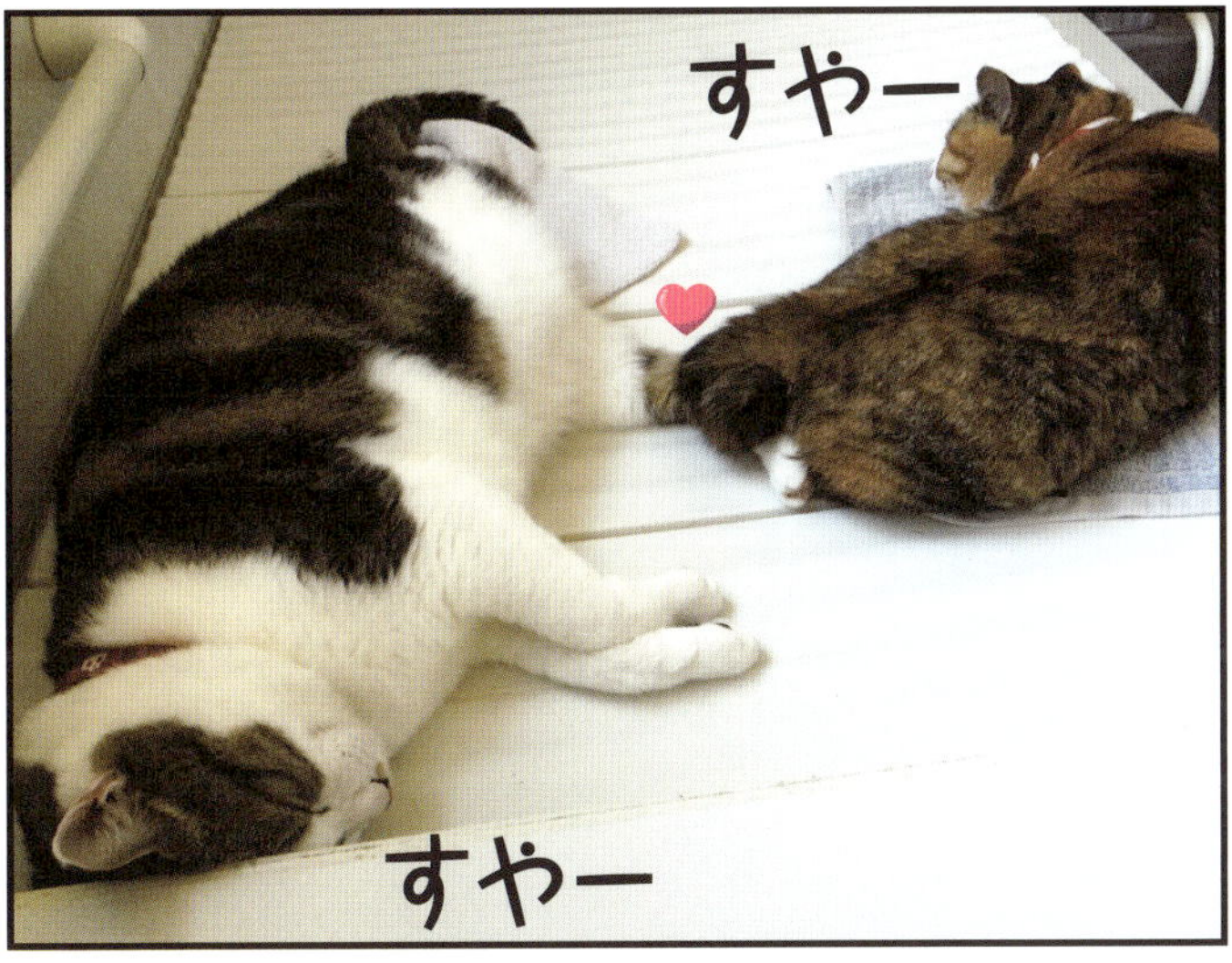

コラムマンガ②　卯山玉子

ライフスタイルによって
こんな猫が向いているよ
ひとり暮らし・
留守の多い家
落ちついた成猫
子どものいる家庭
好奇心旺盛な子猫や
子どもに馴れた猫
初めてだから、
まず一匹から…
可能であれば、
最初から二匹で迎えるのが
おすすめだよ！
留守にしているときも
猫同士で遊んでくれるし、
意外と手間もかからないよ
医療費とかは
二匹分になるけど…
なかよしね！
途中から他猫を家に入れようとすると
相性が合わなかったりして
難しいことも多いので、
きょうだいや仲間猫がいたら
ぜひ多頭飼いを検討してみて！

ペットショップに行かなくても
家族と出会えるのはわかったけどー。
でも～近くに保護猫カフェがなかったり
譲渡会やってなかったらどうするのよ？

凛

シュウ

時代は IT だよ…
インテリジェントテクノロジーだよ。
ネットにはいくつか
里親募集サイトがあるんだ。
たとえば…

いつでも里親募集中 http://www.satoya-boshu.net

ペットのおうち http://www.pet-home.jp

ジモティ http://jmty.jp

とかオススメだよ。

わぁぁ…こんなにたくさん
お迎えを待ってる子がいるのねー。
きっとあなたのハートを
ビビッと射止めちゃう子がいるわねー。
譲渡会も今では、動物の保護活動とは
関係のないお店や会社、デパートまでもが
積極的に協力してくれるところも
あるって聞いたわよ♥
これってすごいことよねー。

凛

シュウ

そうなんだ。こういう流れが
もっともっと広がるといいよね！

シュウ

私たちのために一歩前に。よろしくね～♪

凛

ハンドメイドと被りものシリーズ

フォトジェニックなうちのコたち（←親バカ）を見ていると、ついつい作って＆被せてしまう親心をどうぞご理解ください…。

1年生の
魔法ですから
間違う人は
いませんよね？

え？
事務所がいいって
言ったの？

はぁ？ 悪魔？
何言ってるの？

モフ腹～
あけましておめでとう
ございます
こーゆーコトは
あいつにやらせとけば
いいのよ！
ぼくシュウえもんです。
キティちゃん
ねぇ…

第3章
シュウさまとの出会い

ふらりと立ち寄った
保護猫カフェで
イケニャンホストの
シュウ様との
運命の出会い…
すべてはここから
はじまったのでした♥

責任とプレッシャー

1 川越（埼玉県）の保護猫カフェ
ねこかつさんに行ってきました。

先日訪れた時に
一目惚れした
シュウ君に会いに。
今度は家族と一緒に。

2 幸せとは言えないお外の世界にいて、保護され、
このカフェに来たシュウ君。保護主さんの思い。
奇跡とたくさんの愛と時間とお金。そして今ここに君がいる。
脚がある、ない…問題はそこじゃない。

3
年収は？
それ次第だな。
ウチにいらっしゃいませんか？

里親になるのはある意味、結婚だと思います。
病める時も健やかなる時も。貧しい時も
富める時も。悲しい時も嬉しい時も。
下手したら血統証付きの子よりお金が
かかっていて確実に時間も愛もかかっているコ。
ウチのコとして迎えたい。
だけど…ウチのコで幸せになれるんだろうか。
もっとイイおウチがあるのかも。
特上でも上でも下でもない。
ごく普通な飼い猫生になる…
これってまるで…マリッジブルー??
シュウ君との生活を諦められずにねこかつに
行ったのに、責任のプレッシャーが…
半端ないっす((((;ﾟДﾟ)))))))

5

凛さん、お兄ちゃんが
できるんだよ。

何が来るんですって？
いつものおばちゃん？

そろそろ
おやつかな…

4

君が来てくれたら
私たちは幸せ。
でも
君の幸せが一番。
ウチじゃ
なくてもイイ。
ウチなら
1番うれしいけれど。
幸せな猫さんに
なって欲しいなぁ。
……。
凛さん
仲良くできるかな…。

6

みんなで幸せに
なれるといいなぁ。

お兄ちゃんかぁ…
なんだろ～？
おいしいモノかなぁ。

待ってて

カレ♥がやってきた!!

1
大掃除しました（笑）
さすがに凛さんに怪しまれました。
やる気になればできるのね。
普段いかにやる気に
ならないかって話ですな。

何かおかしい…
めずらしく掃除してる…

テーブルの上に
何も乗ってないなんて
絶対おかしいわ…

2
カレのために
食器も買いました。

3
今現在のカレ♥ 昨日トライアル
（お試し期間）に突入しました。

さあ、
モフりなさい
カレ♥

4
来たばかりの時はうちは隠れられる所があまりなくて
落ち着かない様子でした。
あまりにも無理のある所に入ろうとするので
大掃除の際せっかく潰したダンボールを組み立てました。

↑右往

左往↓

か、隠れたい…
は、
入らない…

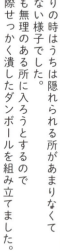

6

………。

凛さんがかじりたおした
ダンボールですが…
落ち着いたようです。

7

なんかデカいの
いるんですけど…

凛さん。
お兄ちゃんだよ。

アレは…
何だったの
かしら…
8

そしてお約束の二階に
逃走。でも気になる。

アレは
夢だった…
きっとそう。
9

凛さんは二階に
こもってます。

………。
夢じゃなかった…
やっぱいるし…
10

半日経ってお互い
現実を見つめて。

11
なんなのよ。
みんなデレデレして。
私は認めませんからね。
ホント節操ないっていうか…

その後カレはダンボールから出て
少しご飯を食べ、甘え鳴きして家族にスリスリ。
凛さんは決してしない腹モフサービスに
家族はメロメロ((´艸`*))
それを凛さんは腰高窓からじと～っと見ています。

ゆーてもお年頃の女の子。
素直になれないし恥ずかしいのよね。
わかるー（笑）カレは凛さんに話しかけたり
歩み寄ってるのですが…
凛さんは小さくウーだの、フーだの。
でも興味はあるのよね（笑）目が離せないらしい。
でも大きな喧嘩もないし、昨日の今日だしね。
上出来上出来。

ないわー

一蓮托生　猫とヒトの幸せ

1
シュウ君はここまで常に
ジェントルマンです♥

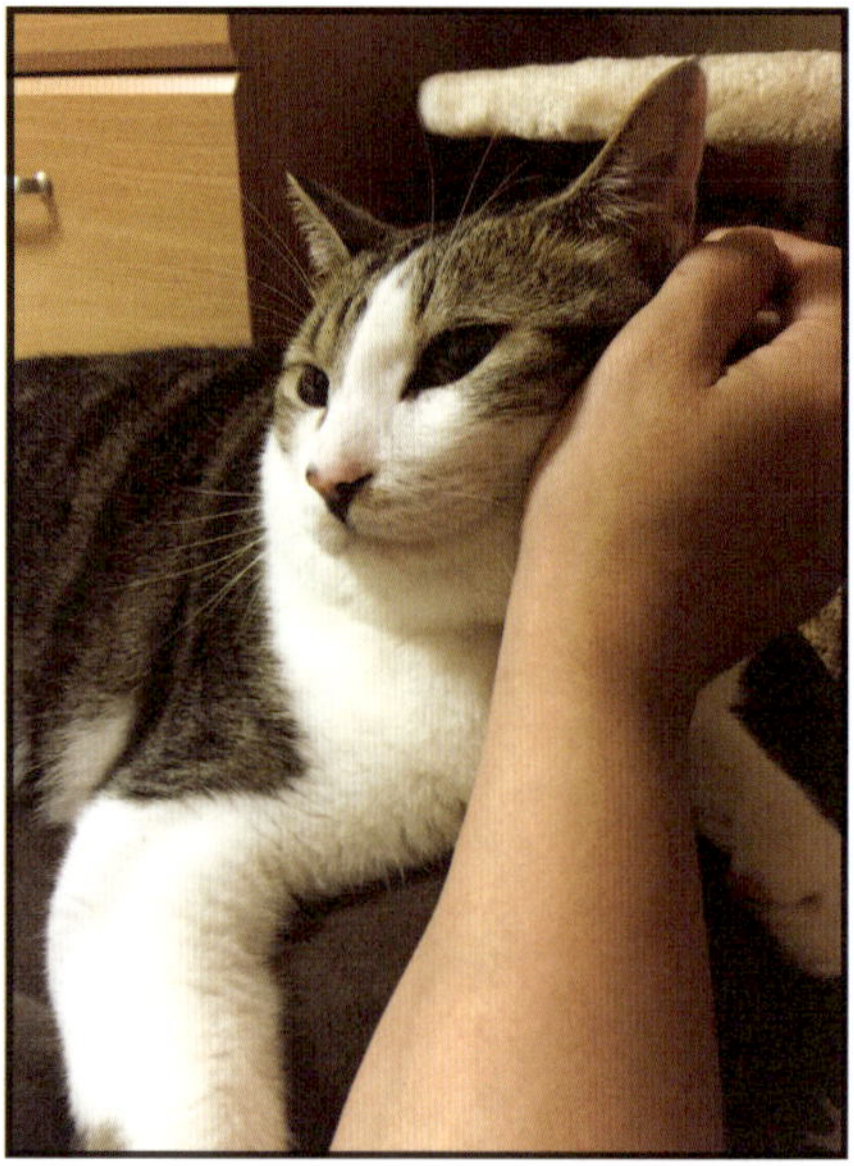

順応力高いね〜。
だいぶ
慣れたかな。

2
猫ベッドも
使ってくれたし
昨日は
ムスコたちの
寝室で寝て
もらいました。

3
あんちゃんのお供えの水が
普通に給水ポイント化してます…。
そこに行きたかったシュウ君
ですが凛さんがブロック（笑）。
どいてあげればいいものを…。
結構長い間、無言の神経戦を
してらっしゃいました。

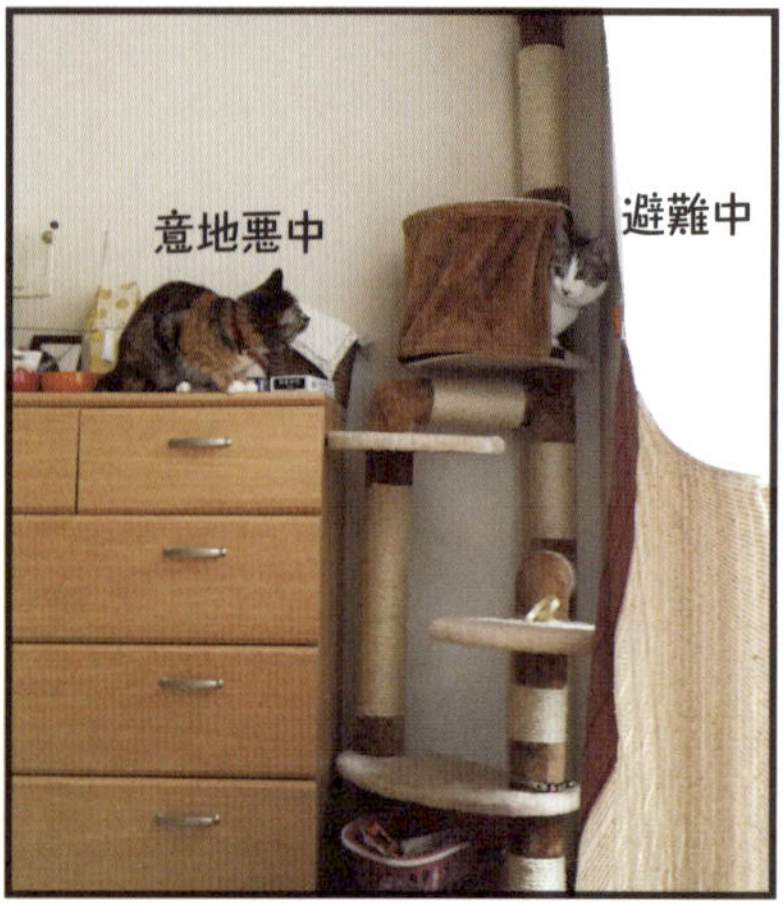

4
仕方なくシュウ君が避難。
そこでもしばらく
無言の神経戦。ようやく
凛さんが譲りました。

5 シュウ君が来て以来ずっと
高い場所をキープしていた凛さん。
初めて高低差の逆転。

高
低

6 隠れる事も少なくなって
リビングでもへそ天寝が
見られるようになってきたし。

魅惑のへそ天使
((´艸｀*))

7

むふぅ♥
キレイキレイ
しましょーねー
こしこーし。

嬉しいな。
家族みんな
むふぅ♥むふぅ♥
と鼻息の荒い毎日です。

8

猫の幸せってなんだろう。
大方の意見では
美味しいご飯、新鮮な水、
変わらぬ穏やかな
日々らしい。
猫を幸せにするということは
経済的にも、精神的にも
ヒトがまず穏やかな
安定した毎日を、
ということかしら。
まぁ、ヒトですから
穏やかな日々ばかりでは
ないけどね。
猫に癒され
精神的に安定し（笑）
美味しいご飯のために
働くのもいいかなぁ。
猫が幸せなら私たちも幸せ。
私たちが幸せなら
猫たちも幸せ。
一連托生ですな。

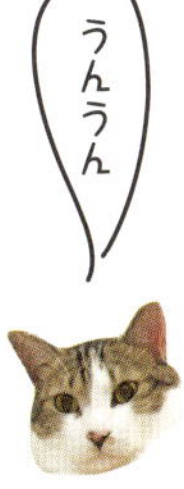
うんうん

ウチの子記念日

1 昨日はウチにとって
特別な日になりました♥
シュウ君のウチの子記念日♥
正式に譲渡して頂きました。

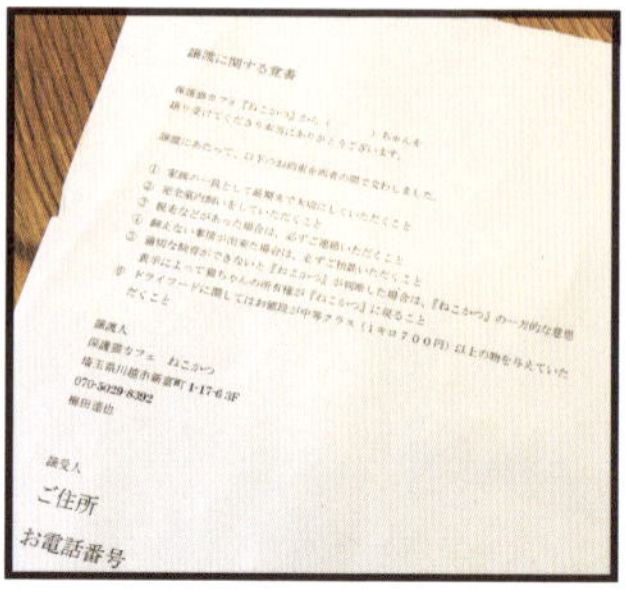

2 ねこかつさんで
恋に落ちた日に
夢に見たのは

3 こんな
光景。

4 この子がウチの床にモフっと
落ちてたらどんなに素敵だろう。

5 夢に見た
以上に素敵。

6 心配していたより
ずっと早く
慣れてくれました。

7 人馴れ猫慣れ
バツグンだし。

8 ねこかつという名のホストクラブの
看板ホストだっただけに女(ヒト)の
心をワシづかみ((´艸｀*))

9 夢の片割れ…猫団子は
まだ無理だけど。この先もまぁ
無理かもしれないけど。
まあ大きなケンカもないし

10 凛も正しい
アプローチを
学び

11 シュウ君には
下手な凛にもう
少しお付き合い
頂いて

12 寒くなったら…
むふふふふ(*´艸`)
もしかしたら猫団子見れるかな。

13 なんて
期待してます。

14 シュウ君が来てくれて
みんな幸せ。
シュウ君にも
ウチの子になって良かったと
思ってもらえるように。
頑張るよ。

凛もあんこもシュウ君も
ご縁があって
ウチの子になった
ウチの特別な大事な子。
最高級のおもてなし…とは
いかないかもだけど
普通の猫好き家族の
一員として
怒ったり笑ったり
泣いたり癒されたり普通の
家族の生活をしていきます。
皆様、これからも生温かく
見守ってくださいませ。

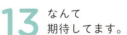

シュウに「様」をつける理由

1

もし、あなたの足が腐り瀕死の状態で
巨大生物に捕まり檻に入れられたら？
見知らぬ巨大生物に
また檻に入れられ運ばれて
痛い足をたくさんいじられ
痛いことをたくさんされて
苦いモノを飲まされたら？
巨大生物を信じられるかな。
心を許せるかな。と、思う。
なのにコレ。
野性味…警戒心…
共に限りなく0に近い（笑）

2

これはひとえに
ねこかつさんの
愛だと思う。
あとは甘えん坊の
星の下に生まれてきた
的なこととか？

ベッタベタのあっま甘(*´艸`)

3

忘れる、許す、受け入れる
ヒトにはなかなかできないこと。
こちらは善意でも
シュウ様からしてみれば
痛いこと、嫌なことも多かったはず。
そして片脚を失ったシュウ様。
家猫として日常生活には問題ない。
でも猫様らしい忍び足
すごい高い所へのジャンプはできません。
もしも私だったら、あれもできない…
これもできない…あーしたかったのに…
こーしたかったのに…と
悩み苦しむでしょう。でもコレ。

4

シュウはありのままの自分を
受け入れてて
(コレって私にとってすごいこと)
脚が一本ないことを悩んだり
自分の価値が低いとか思っていない。
ヒトはなかなかできないよ。
すごいなぁ。って尊敬する。

ボクはうさぎ
ボクはうさぎ
ボクはプレイボーイ
ボクはプレイボーイ
………。

6

彼の受け入れるキャパは
本当に素晴らしい。

使徒、
完全に沈黙!
………。

7

単に甘えん坊なのかも
しれないけど。
だから私はシュウに
様をつけてるの。
まぁ、ここまでの
すべてを略すと
親バカ猫バカ
なんだけどね(笑)

そう。
僕はプリンセス

私は〜?

シュウ！シュウ！

（譲渡時の「ねこかつ」ブログより）

梅田達也

シュウ、お前との付き合いも長かったような気もするし、一瞬だったような気もするよ。

行政施設の収容情報に載っていたお前を見かけたのはいつだったかな。

猫の保護活動なんてやっているけどな、収容情報なんて普段は見れないんだ。だって、「この子はあと数日で殺処分されます」って、今、生きている子たちの写真が載っているんだ。見るだけでつらいし、腹が立つし。どうにかしなきゃって、見るたびにオロオロしちゃうしな。殺処分なんて制度は早くなくさなくちゃいけないよな。

でも、シュウ、お前の収容情報をたまたまネットで見かけたんだ。そうしたら気になって気になって、どうしようもなくてな。誰も引き取り手がいなかったら、引き出したい。仲間のボランティアの「またたび家」さんに、お前の引き出しをお願いしたんだ。

殺処分を待っていたお前は、今の幸せなお前とは全然違ったよ。ボロボロで痩せこけていて、足には大怪我を負っていて。足の傷からウジ虫がわいていたんだぞ。覚えてないだろう？

「この子を引き出して治療しても、亡くなってしまう可能性が高い

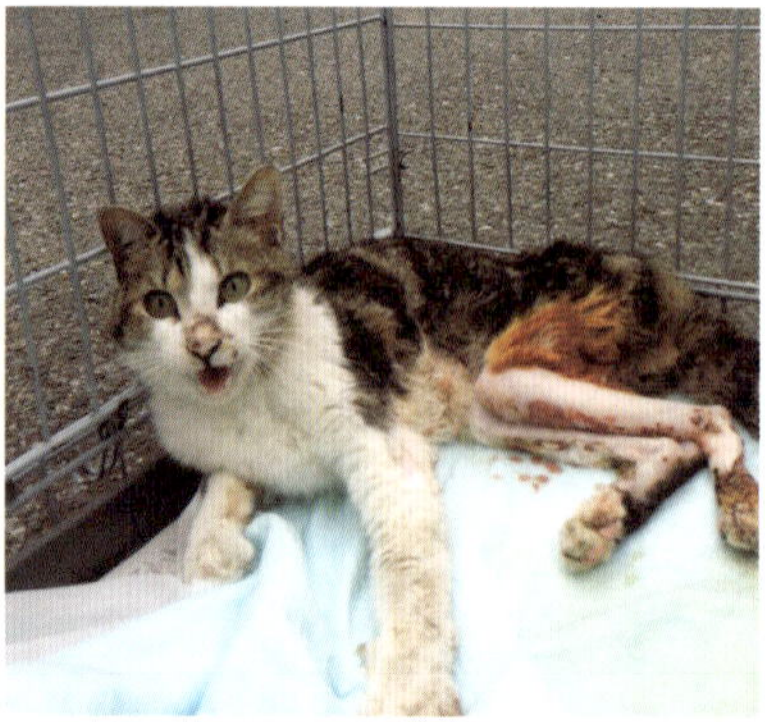

収容時のシュウ（2013年6月頃）

ですよ。それでもいいんですか？」

行政施設の職員さんが何度も何度も念を押したっけ。ギリギリの子をいつも助けている「またたび家」さんも、「いいの？　この子は無理だと思うよ」って電話で何回も確認してくれたよ。その問いかけに、こう答えたんだ。

「治療してそれで亡くなってしまったのなら仕方ないですよ。その時は看取りますから。こんな姿のまま、殺処分機にかけられて殺されるよりかは、ずっといいですよ」

そうしてやってきたシュウ。引き出した時は、そのまま亡くなってしまうのかな？　なんて不安だったけど、お前は強かったな。大怪我しているのに、よく食べて、よく鳴いて、よく甘えて。ガリガリだったのがすぐにお腹に肉がついてきて。

ただ、傷口から出ていた膿の臭い、くさくてくさくて本当にまいったよ。お前の名前を考えるときに、真っ先に浮かんだのが、その臭い。今はシュウ様、なんて呼ばれているらしいけど、シュウは「臭」からとったんだからな。

薬を飲ませたり、傷口を拭いたり、お風呂に入れたり。そうしているうちにビックリするくらい順調に回復していったな。

「え～！　これがあの子ですか？」って獣医さんも見るたびに驚いていたっけ。

傷口も小さくなって、膿の量も少なくなって、あの頃は、そのまま薬の治療で完治してくれるんじゃないかと本気で信じていたんだ。

そうして、晴れて「ねこかつ」デビュー。

好き嫌いがハッキリしていて、感情表現が豊かで、見ていておもしろかったよ。

子猫や女の子にはモテモテだったな。ガリガリだった体もしっかりしてきて、今のコロコロした姿とは違って細マッチョのイケメン。すっかり調子にのって。そして、そのうち自分はボスになれるんじゃないかなんて、勘違いしたんだよな。ボスの「くく」に戦いを挑んだっけ。くくは強かっただろう。いきなり襲いかかったのに、片手でねじ伏せられて、負けた後は、腹いせにマーキング。

ねこかつにはたくさんの雄猫がいるけど、マーキングする猫はお前ぐらいだったぞ。

特にアメショーのボビーが来たときは、目の敵にして大変だったよな。ボビーに限らず、純血種と言われる猫が来ると毛嫌いしてケンカをふっかけたよな。保護した猫が純血種のときは、ああ〜、またシュウが荒れるな……ってスタッフと頭を抱えたよ。

血統書付きの猫は嫌いか？　でもな、シュウ、それは間違っているぞ。「血統書が欲しい」とか、「何々の種類じゃなきゃ嫌だ」とか、そんなのは人間が言っているだけで、その猫が悪いわけじゃないんだ。

血統書付きに生まれた猫たちの方が、繁殖用として短い一生を過ごしたり、

ボスの「くく」に戦いを挑む

シュウのライバル「ボビー」

ペットショップで売られたり、むしろずっとつらい思いをしているんだ。

ねこかつにいるときも、投薬が続いて、「シュウの傷はどう？」「昨日よりいい？」「なんかまた膿の量が増えたね」なんて、みんなで一喜一憂する日が続いたよ。

病院でも、薬でなんとかならないですか？　違う薬はないですか？　取り寄せてもらうことできますか？　薬の種類も何度も替えたね。

もう薬では治らないから、足を切断するしかない。いつまでも強い薬を続けるのはシュウのためにも良くない……そうわかってきても、なかなか決断できなかったんだ。

獣医さんと顔を会わせるたびに、

「シュウはどうしましょうか？」

「じゃあ、来週あたり手術しましょうか？」

「ほかに薬ないですか？」

「もうこれ以上の薬はないですよ」

「そうですよね。すみません。何度も同じことを聞いてますよね」

こんなやり取りが何回も続いたんだ。

とうとう手術をすることになって、病院にシュウを連れていくと、今度は獣医さんの方が、「よく動いているよね。ジャンプもできるし。もうちょっと様子をみますか」って。

そんなことが何か月も続いた後、もうこれ以上の先延ばしは良くないってことで、ついには手術を決断した。

そして手術になって、無事終わりましたよと連絡をもらって、ひと安心。でも、今だから言えるけど、最初の面会に行くとき、実はちょっと怖かったんだ。

それなのに、面会に行くと、足を切断したばかりとは思えないくらい元気で、全身で甘えてきたっけ。「あの子は強い子ですね、ご飯もいっぱい食べてますよ」看護師さんが褒めていたよ。

シュウ、ちょとさんは、そんなお前に恋に落ちたんだってさ。

シュウがお家でコロコロと転がっていたらどんなに素敵だろうって。

ちょとさんは、夢見ていた素敵な生活を手に入れたんだって。

シュウが家の子になってくれたおかげで、ごっついお父さんも仕事から家に帰るのが楽しくなったんだって。「そうなんでしょ！」ってちょとさんに聞かれて、うんって、恥ずかしそうに答えていたよ。

あとは、凛ちゃんと仲良くなるだけだな。ねこかつでも、女の子や子猫たちには大人気だったから、きっと大丈夫だよ。凛ちゃんと仲良くな。

ねこかつでこんな姿が見られなくなるのはちょっと寂しいけど、シュウ元気でな。

第4章 ちょと家の猫活

保護猫カフェという
存在を知り、
シュウ様を迎えたことで、
少しずつ保護猫活動に
目覚めつつあるわが家。
私ができることは少ないけれど、
1匹でも多くの
猫様が幸せになる
お手伝いができれば…と
思っています。

思春期における猫様の有用性について

1

ムスコ2号は思春期真っ盛り。
昨年が1番ひどかった。
こじらすとオトナになっても
治らないとされる厨二病を発症。
偉そうなコト言うくせに
行動が伴わない典型的思春期。
指摘されるとモノやヒトに当たる。
そんな彼を変えたのは、
一匹の猫様でした。
それはシュウ様でも凛さんでもなく
あんこちゃん。
思春期ムスコ2号は
それはあんこに冷たく当たった。
臭い！ 汚い！ あっち行け！
そのたびに、
そんなこと言うんじゃない！
といさめたけど聞く耳持たず。

2

そんなあんちゃんが
旅立つ1週間前ぐらいに
激しい粗相をして汚れてしまった…
半長毛だったので仕方なく
下半身だけ洗うことにして
洗ってみたら…
ガリッガリ…
辛うじてふっくらしてたのは毛で
身はもう骨と皮みたいな
細さだった。
私が泣きながら
あんちゃんを拭いているのを見た
思春期ムスコ2号。
そんなあんちゃんの姿を見て、
思うことがあったらしい。

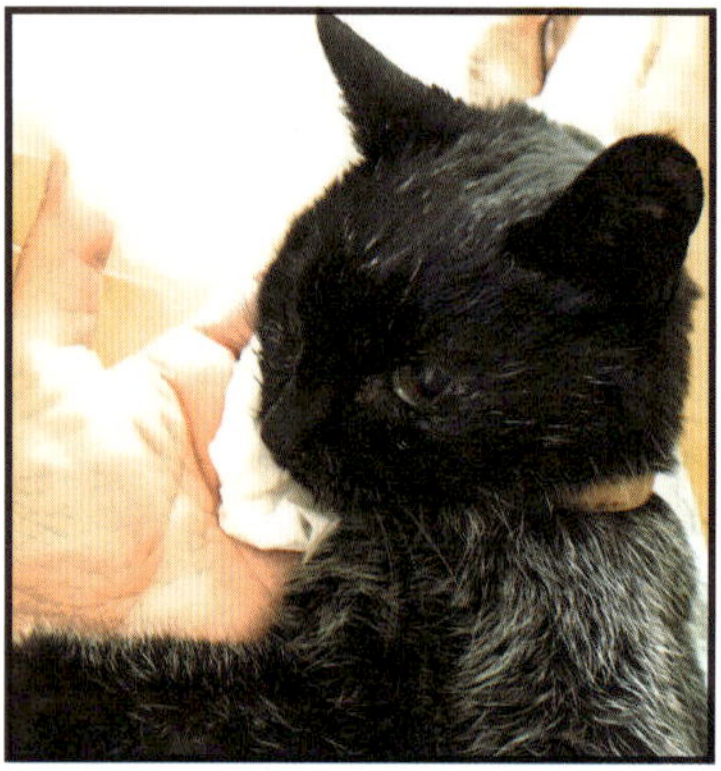

3

あんちゃんが旅立ってから、家族に
「お前はひどい暴言をあんちゃんに
言ってた」と言われて
「だってトイレ失敗ばかりで臭いし
俺の近くでばかりゲロ吐くし
年寄り過ぎて遊べないし」
と言っていた。
「じゃあ、あんちゃんは
好きでトイレ失敗してたと思う？
あなたを困らせたくて
ゲロ吐いてたの？
遊べなくて辛かったのは
あなた？ あんちゃん？ どっち？」
それを聞いて泣き出した
思春期ムスコ2号。
「今泣いたって
あんちゃんはもういないよ」
と言ったら
**「これからは弱者に
優しく接するようになりたい」**
と言っていた。
あんちゃんには本当に
申し訳なかったけど
あんちゃんがムスコ2号に残して
くれた大きなプレゼントだった。
タイミングも良かったんだろうけど
そこを期に反抗期が終わりの方向に
ベクトルを変えた。

4

2号はシュウ様が大好きで
寝る時はいつも一緒。

5

帰ってくるとただいまより先に
シュウ様はどこ!? と聞き。

6

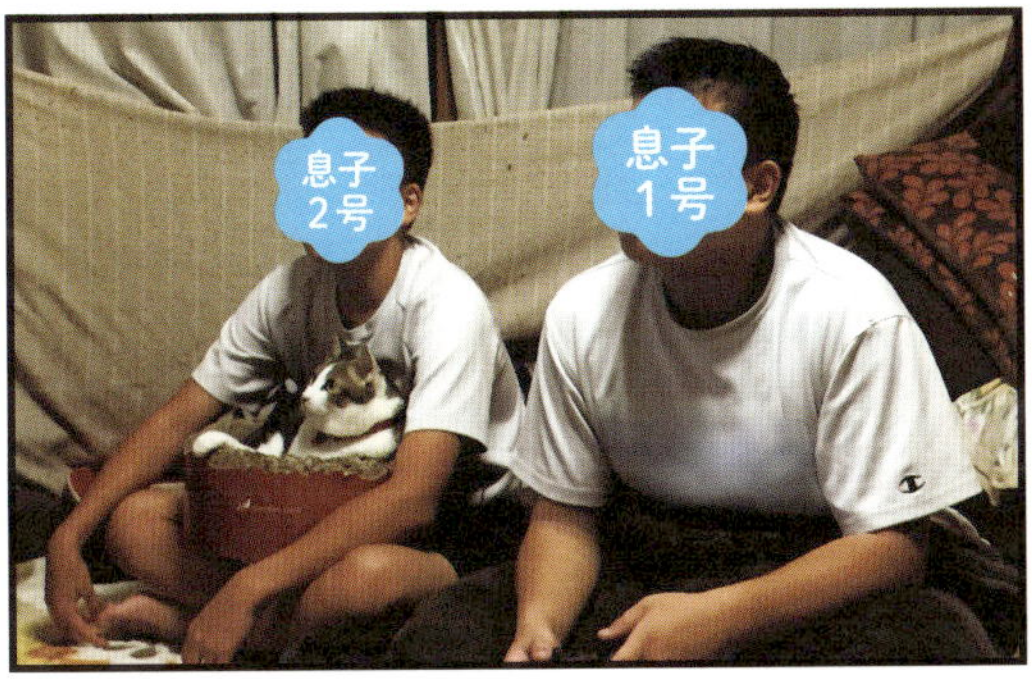

最近はあふれんばかりの笑顔でモフってる。
思春期ももうすぐゴールかな。
まだまだ半人前だけどね…

7

思春期2号に猫様の与えた影響は
親より大きかったかもしれない。
親として感謝するばかり。だからさ、
中学校の入学準備品に猫様も入れてさ、
1人1匹お世話するようになれば
いろいろ学べるし、世の中も
平和になると思うんだけどなぁ。

初めてのTNR ① ニャンキャンの罠

1

先日、迷子猫の捜索を
お手伝いした時
捕獲器を合計12台
仕掛けたのですが
当然入る野良猫さんたち。
その子たちの
TNR※をしました。

ますはキジトラの
イッチ（勝手に命名）が
かかり…次に、
これも勝手に名づけた
キジ白のニーナが
かかりました。
病院の都合でイッチは2泊
ニーナは1泊。
うちにお泊りののち病院へ。

そして翌日お迎え。
頑張ったねー…ってニーナは
去勢済みの男の子でした。
狭い捕獲器で尻尾
巻いてるコの性別
見分けるのは至難のワザ。

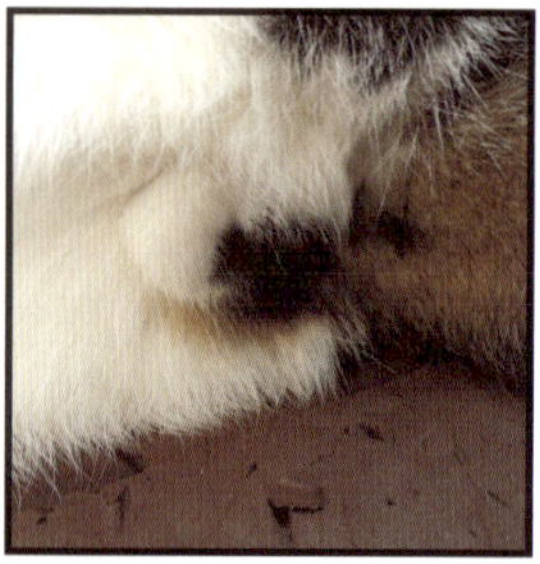

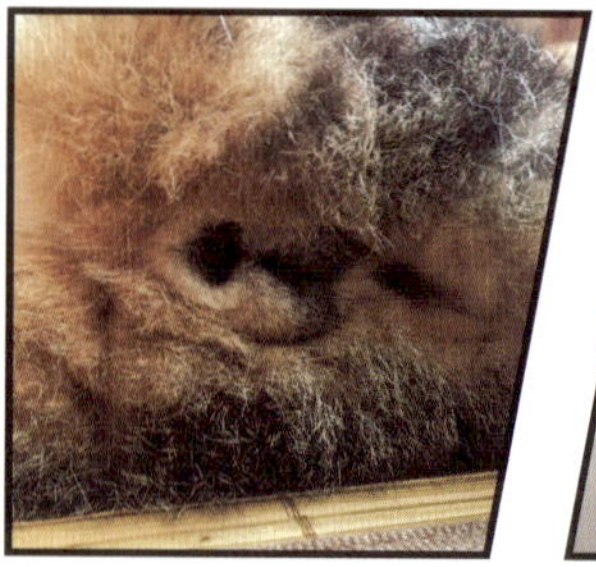

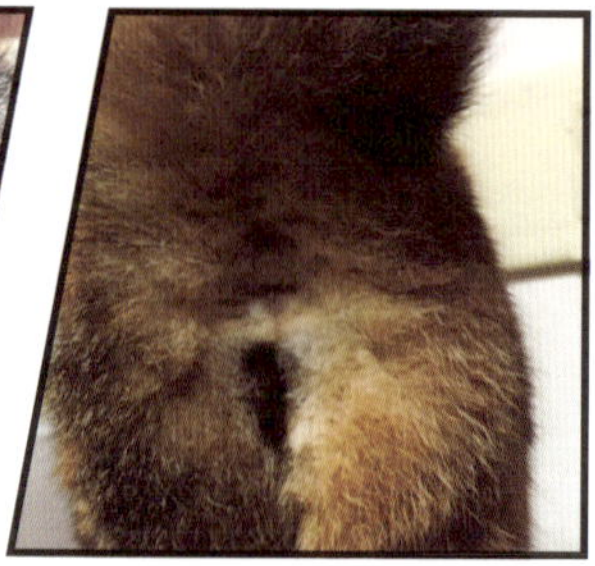

4 猫ボラのせきねこさん
からお借りした去勢済み
男子のニャンキャン。

3 これシュウ様。
あんまりプリン♪
が無い。

2 これが女子。
（凛さんゴメン）

※TNRとは…T（トラップ）、N（ニューター）、R（リターン）の略で、野良猫の繁殖を防ぐために、捕まえて、不妊手術を施し、元の場所に戻すこと。手術済みの猫は耳先に切れ込みを入れて（何度も痛い目に合わないよう）目印にするため、「さくら猫」の名称で呼ばれる。

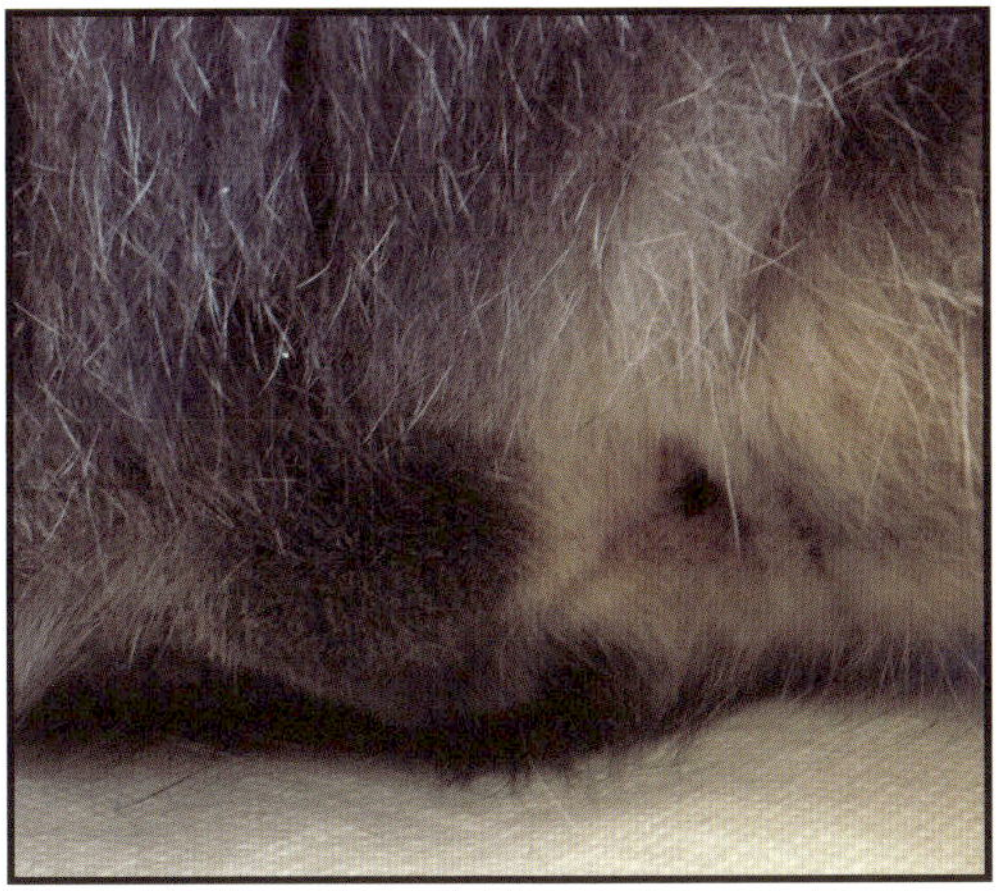

5 去勢済み男子と女子の区別。
むずかしーい！
捕獲器の中でどう見分けるの？
ここまでわかりやすく
見せてくれればまだいいけど…

本当は性別の確認は超大事。
授乳中のママなら
赤ニャンが大変なコトになる…。
だからその場でキチンと
性別の確認を
しなきゃなんだよねー。

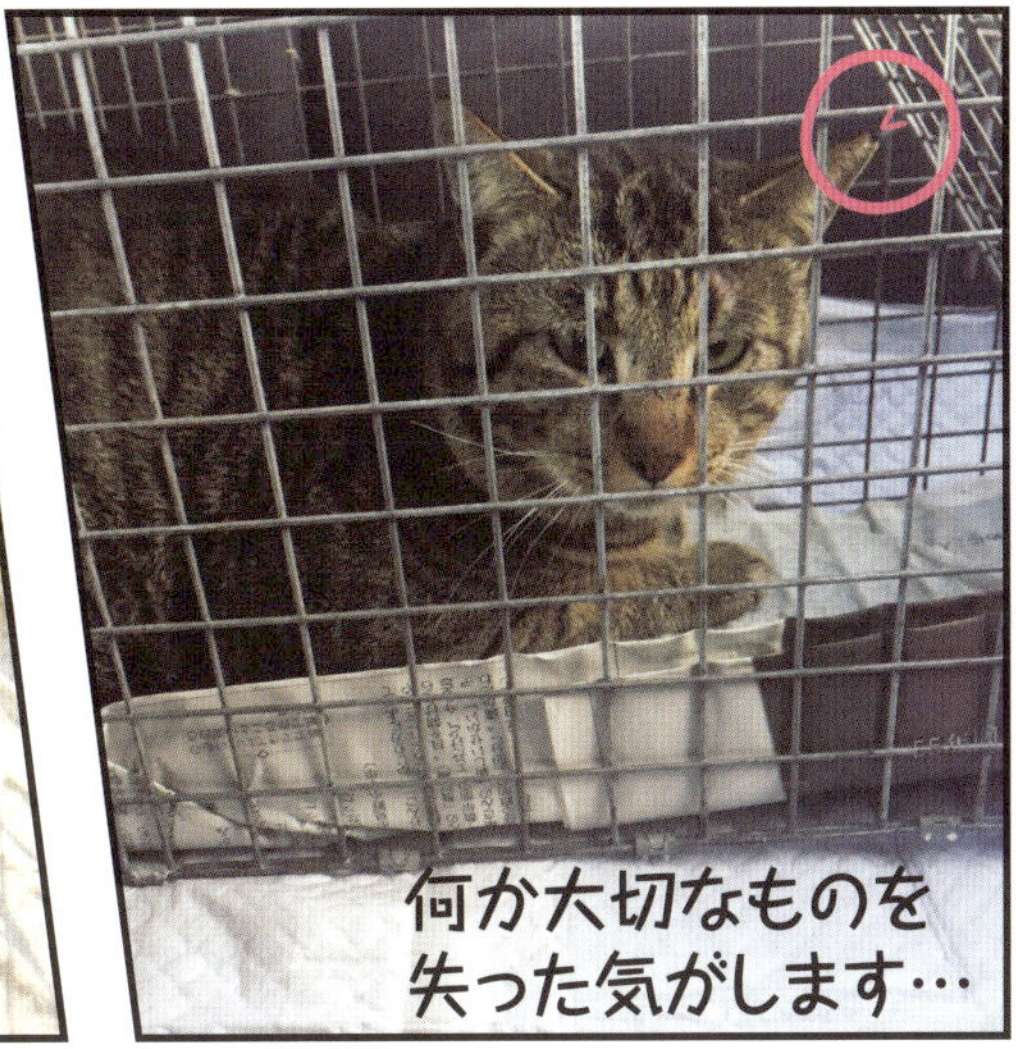
何か大切なものを
失った気がします…

6 というわけで
イッチは大切なものを
なくした代わりに耳カットを。

あれ…
ここに戻ってきたか…

7 ニーナはもう二度と
こんな思いしなくてすむように
耳カット。でも…
やっぱりR（リターン）は辛いね。
覚悟はしてたけど…
ごめんね…元気で頑張るんだよ。
と声をかけてお別れしました。

もうお嫁にいけない…

初めてのTNR② ムスメ子

1

ムスメ子が外猫様に餌づけをしてしまったので話し合いました。

手なづけてシャンプーをしたらウチに入れる予定だったらしい…。

気持ちはわかるんだけどそれだけじゃダメなのだ、と。

シュウ様や凛さんがいるから病気やノミ・寄生虫の検査もしなきゃいけない。

何よりシュウ様と凛さんとの相性もあるし…。

お外の子をもう簡単にはウチに入れられない話をしました。

そして自分で始めたことなのに「寒いから今日はご飯あげに行きたくない」とか言うので
寒い中、事故のリスクもあるのにわざわざ食べに来させてそれはダメ。という話もしました。

いい機会なのでねこかつさんのTNR勉強会に連れて行きました。

2

その後、話し合いしてお手紙を近隣のお家に30部入れました。

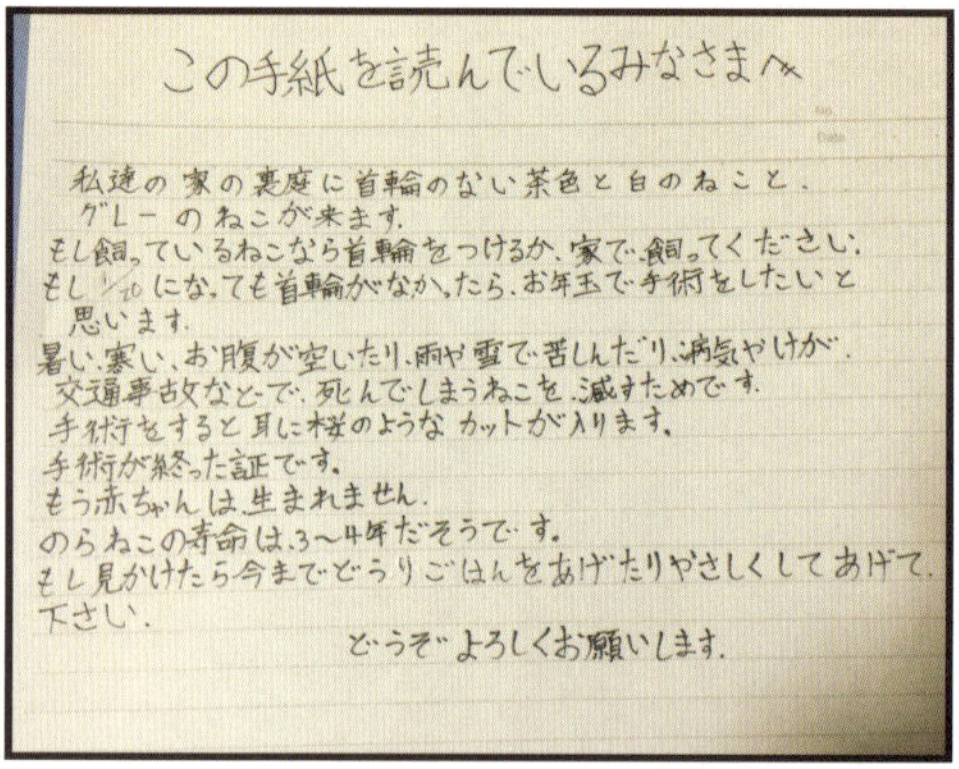

この手紙を読んでいるみなさまへ

私達の家の裏庭に首輪のない茶色と白のねこと、
グレーのねこが来ます。
もし飼っているねこなら首輪をつけるか、家で飼ってください。
もし1/20になっても首輪がなかったら、お年玉で手術をしたいと
思います。
暑い、寒い、お腹が空いたり、雨や雪で苦しんだり、病気やけが、
交通事故などで、死んでしまうねこを減すためです。
手術をすると耳に桜のようなカットが入ります。
手術が終った証です。
もう赤ちゃんは生まれません。
のらねこの寿命は3〜4年だそうです。
もし見かけたら今までどうりごはんをあげたりやさしくしてあげて
下さい。

どうぞよろしくお願いします。

3

ねこかつさんから捕獲器を借りてムスメ子に設置させました。

入るかなぁ…
てゆーか寒すぎる。
そもそもなんで私が…

この後におよんでブツブツ言ってましたが…

翌朝にイチロー(仮)が入っていました。

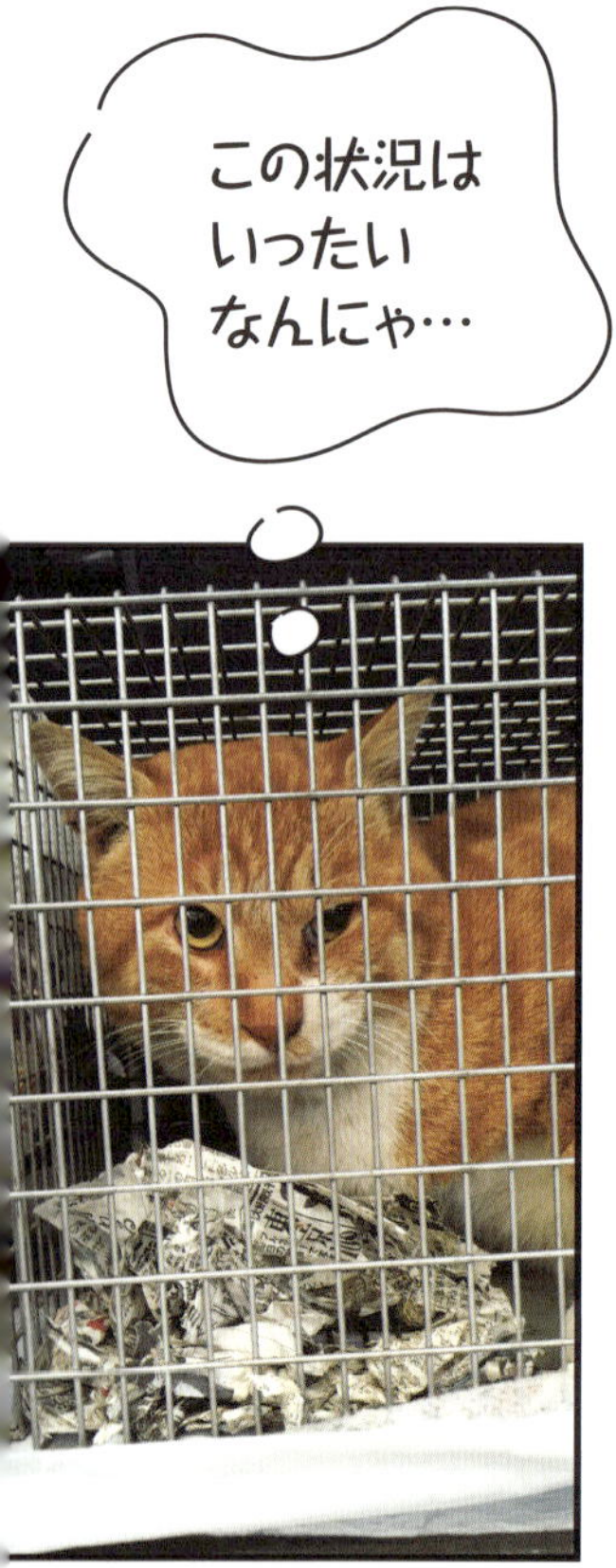
この状況は
いったい
なんにゃ…

4

クルマに積ませて
一緒に病院に。

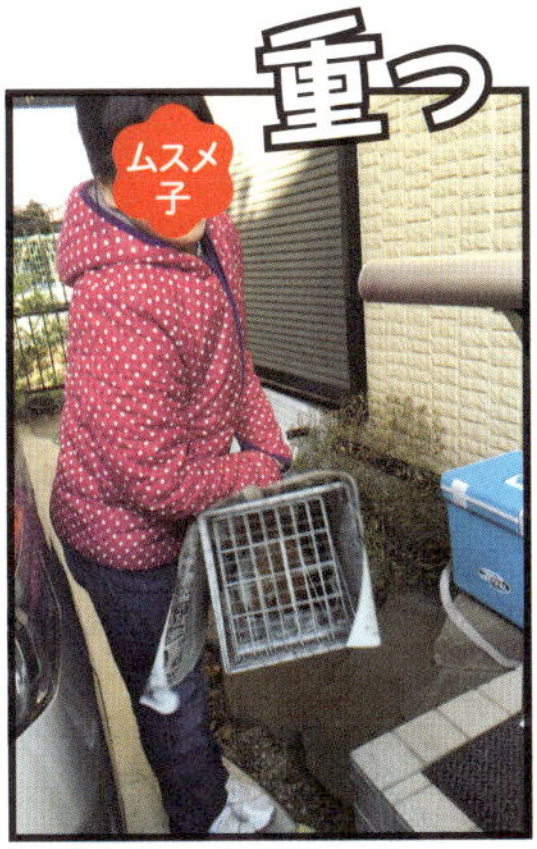
重っ
ムスメ子

イチロー（仮）は
シュウ様ぐらい大きな茶白さん。
ちょっとお目めが風邪っぽい。
病院の書類も
ムスメ子に書いてもらい

ねー。印って
ところあるけど
ハンコいるの？
ムスメ子
イチロー（仮）
在中

お支払いはムスメ子のお年玉。

5

イチロー（仮）は
さくら猫さんに
なりました。
ウチに帰って
離しました。

あっ…
バイバイ。
また来てね。
猛ダッシュ

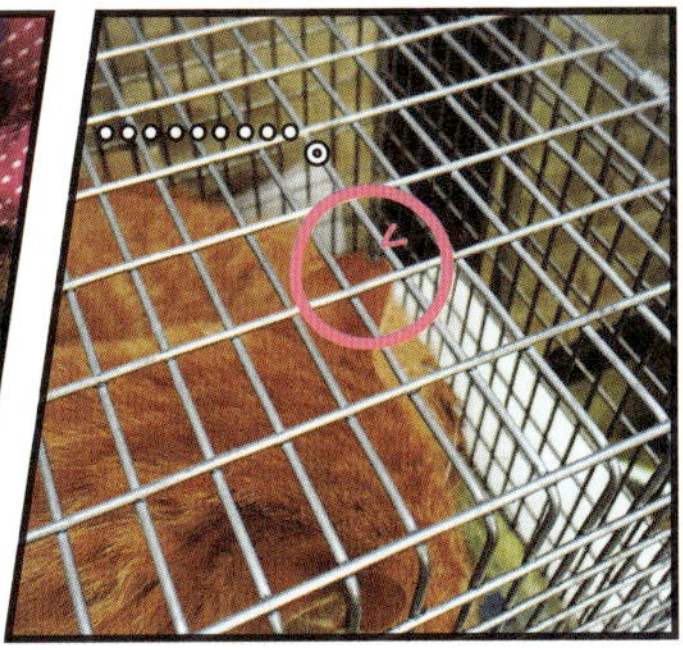
………。

6

イチロー（仮）はイッチとニーナと違って
一回もウーともシャーとも言わない…
ずっと無言でした。ごめんね。
またご飯食べに戻ってきてね。
よりによって今季1番の寒気が来てるとか。
入ってくれるかわからないけど
お外ハウスを作り直しました。

ウチに定着してくれるなら
本格的なお外ハウスとおトイレを作ろう。
雪が降るかも…らしいので寝る前に
ペットボトル湯たんぽを入れてみよう。

イチロー（仮）…
戻ってくれるかなぁ。心配です。

心配ね…

初めてのTNR ③ 完了～

1 凛さんが窓にかぶり付いて
見ていたので覗いたら、
ジローが来ていました。

2 この後順調に
ムスメ子が朝、仕掛けていった
捕獲器に入ってくれました。

3 小柄な男のコのジロー。
もしかしたらまだ若いのかな。

4 ごめんね。タダで帰すわけには
いかないんだよ。
鼻血もごめんね。痛かったね。
さぁ、病院に行こう。

5

一晩病院にお泊りしてもらって
翌日お迎えに。

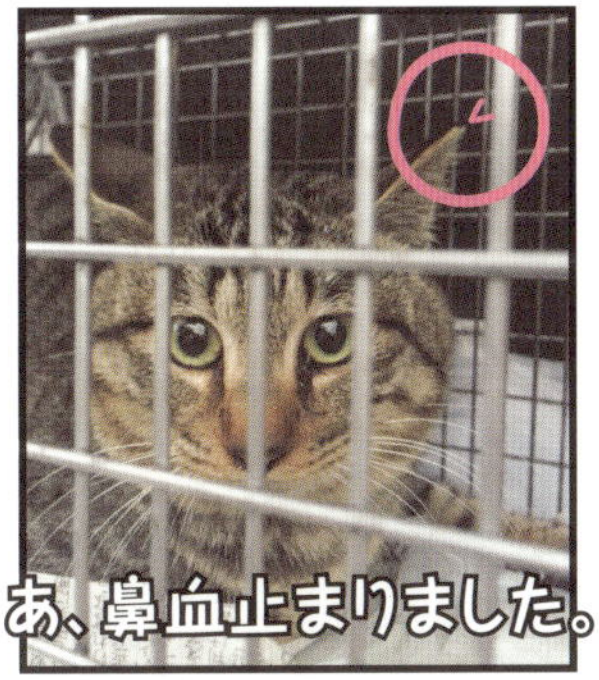
あ、鼻血止まりました。

お迎えに行ったら
ジローはかなり落ち着いていて
お鼻も治ってて良かった。

どーする気ですか？

さぁ、おウチに帰ろう。

6

イチローのあともムスメ子と
話をかさね、ご飯をキチンと
あげる約束をしました。

暴れないでー
どーする気ですか？
やめてええ!

7

もうご飯あげるの
面倒くさいとか
言わないから
元気で食べに来て。
待ってるから。
…………。

行ってらっしゃいジロー。
元気に頑張るんだよ…
こんな寒い日にホントごめんね。
ジローさんは猛ダッシュで
真冬のお外に帰られました。
これからもイチロー、ジロー共に
コンスタントにご飯を食べに来てくれたら
お外ハウス考えなきゃ。

とりあえずムスメ子のＴＮＲはこれで完了。
その後ジローはご飯を食べに
戻ってきているのを確認。
イチローは未確認だけど
深夜の餌がなくなっているのでイチローかな。
これからお外猫とのお付きあいを
考えなくちゃ…

来てね

かわい子ちゃんのTN…R？

1

春（猫の繁殖期）が来る前に…と
仕掛けた捕獲器に入ってくれた
1歳ぐらいのかわい子ちゃん。
色々あってリターンできず、
保護しました。人慣れさせて里親
探しをします。仮名…ミーシャです。

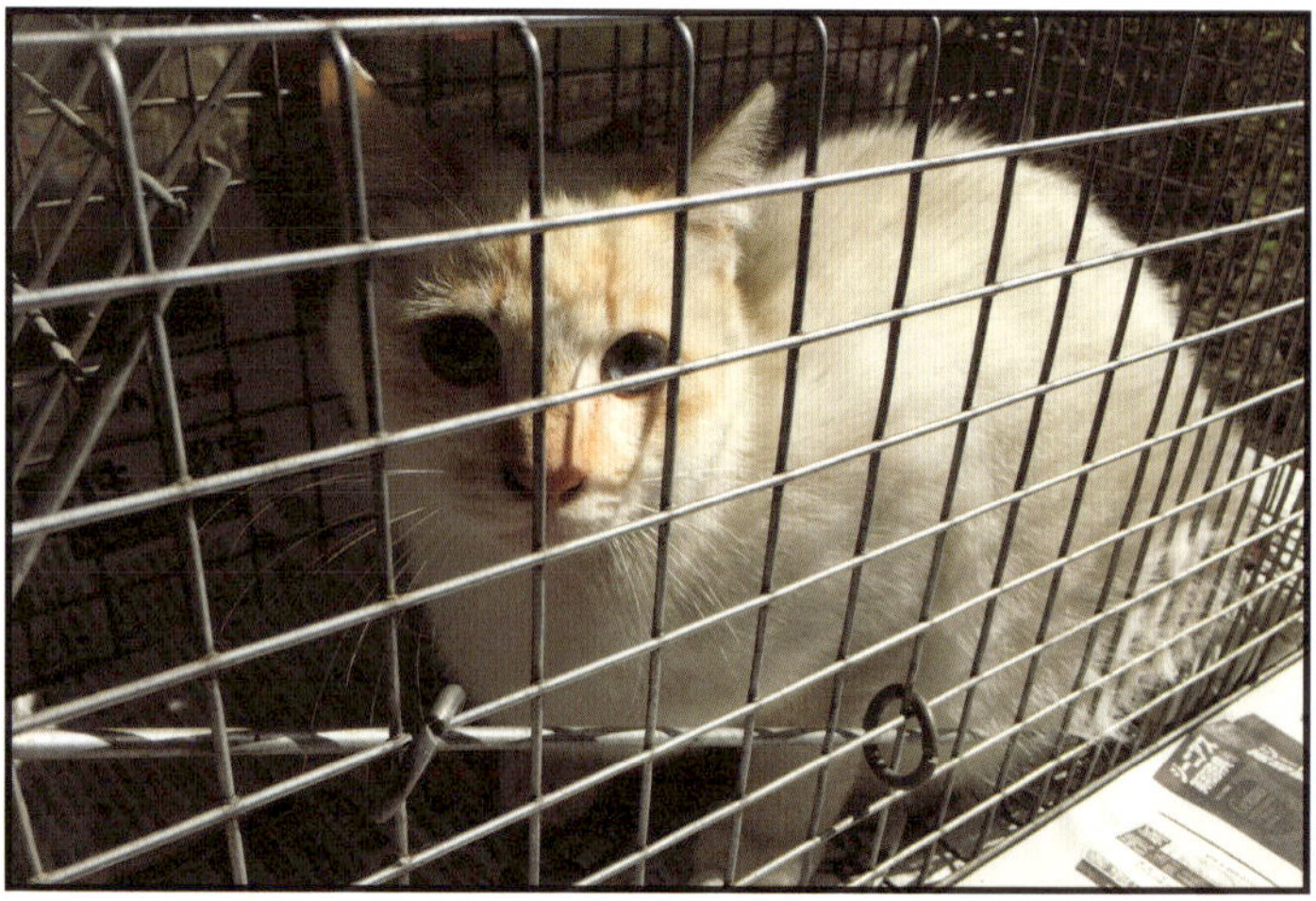

2 正式なご挨拶は
まだですが

石
なんか
いるの
よね…

3 鳴き声も聞いているし、匂いも
気配もビシビシ感じているみたい。

石
絶対
なんかいる！

4

でも、間近に
近づいても
イマイチ気づいて
ないのかしら？

石
すんすん…
おかしいわね。
確かにこのへん
なんだけど…

5

これからどうなるの
かしら？ 早く慣れて
くれるといいなー。

すんすん…
なんか白い
メスのにおい
石

いるわよね

一歩前進

1 家に入れて数日。
ミーシャ、ご飯は
見てない時に食べてます。
トイレも覚えてくれました。

2 なでさせて
くれて

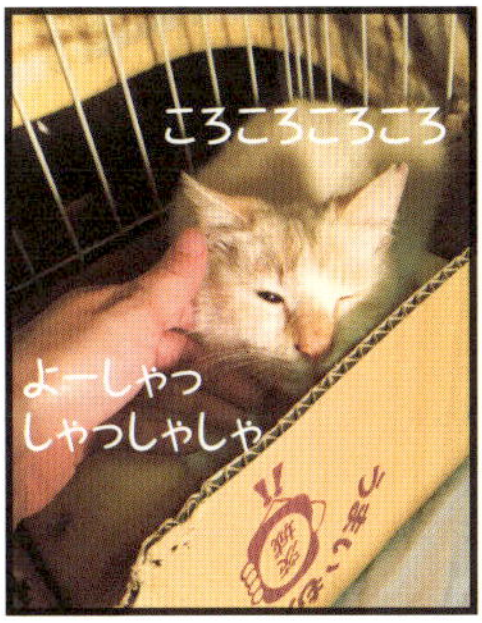

3 初めて小さく
ゴロゴロ言って
くれました。

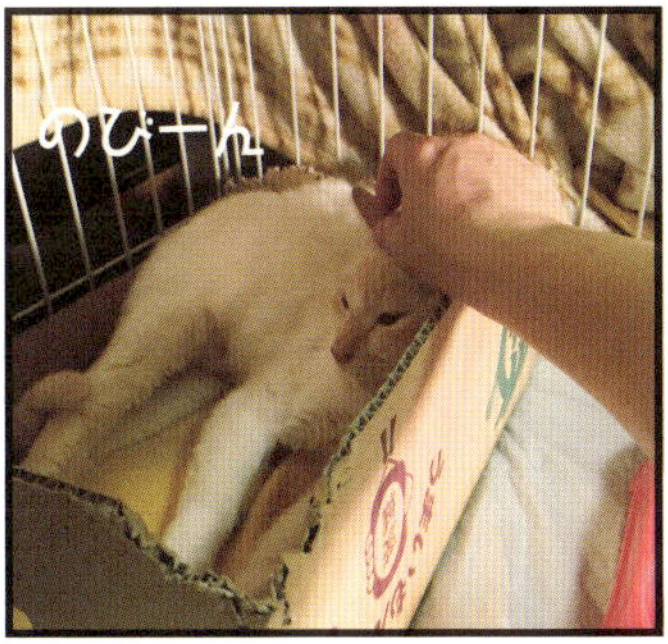

みーちゃん…
いい子ねぇ～

4 石化も解けて、
改めて猫らしく
のびーん
とした姿に。

5 凛さんとも
ご挨拶。

6 そしてシュウ様も
ご挨拶。

オッス

ヒトより猫が好き♡

1 ミーシャはヒトより断然猫が好き。
凛さんやシュウ様が近づくと
何か必死に訴えている。
ふふふ（ΦдΦ）ミーシャ。
まだ君はこの家の力関係を
ご存知ないようだな。

鳥さん…
行っちゃったか…
あのーもしー
そこのお方…

2 今話しかけている大きな方は
あまり頼りにならないぞ（笑）
ミーシャが鳴いてると凛さんは
気になってるみたいで見に行くん
だけど、シュウ様は無反応。
女子同士の方が話があうのかしら？

えー。
僕に言われても…
ママに
聞いてよ。
お助けください。
魔女に囚われて
おります。

どうしてオンナって
どれもこれも
うるさいんだ？
呪われてる
のかな？
だずげでええええ！
開いてる

だずげでええええ！
ま、がんばって。
応援してるわ。

そこのお姐さん
ここから
出してください。
あなたも
大変ねー。

3 リビングに移動したミーシャ。

いやん

4 腹モフもできるように
なりましたよー。
かなり慣れてきたかなー。

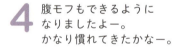

5 行動エリアも日増しに拡大。
凛さんとシュウ様を見た時だけ、尻尾がぴーんと上がるの。

6 あとは
超低空姿勢で
そろりそろーり。

7 そう、ミーシャは猫好き。
まだヒトにはすりん♥
してくれないけど…

8 本当に猫が
好きなのね〜。

9 私も猫耳つければ
よかったのか。

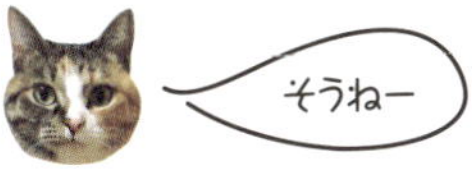

センテンススプリング・スクープ！

1 ミーシャも
すっかり慣れて

2 リビングに
3猫様。

3 そんな平和な日々を脅かすような、
スクープが突然舞い込んできた！
「シュウ様白昼のキス写真！ お相手は新人M(1)」
かねてから不仲では？ と取り沙汰されてきた
シュウ様(4)と凛さん(2)だが
そのシュウ様に本日、撮って出しの
スクープが舞い込んだ。我々のカメラの前で
白昼堂々と行われた一部始終である。

4 シュウ様の後ろにいるのは最近人気の新人ミーシャ。

5 近しい関係者によると、ミーシャは最近シュウ様にご執心だったということである。

6 そして白昼のキス。

7 熱烈なすんすんを交わすふたり。そのあとも寄り添い一緒に食事をするなどただならぬ関係性を疑わせた。

すんすん
すんすん
8

はぐはぐ
あぁ素敵な食べっぷり。
ちょこん
9

すんすん
私もはぐはぐ
10

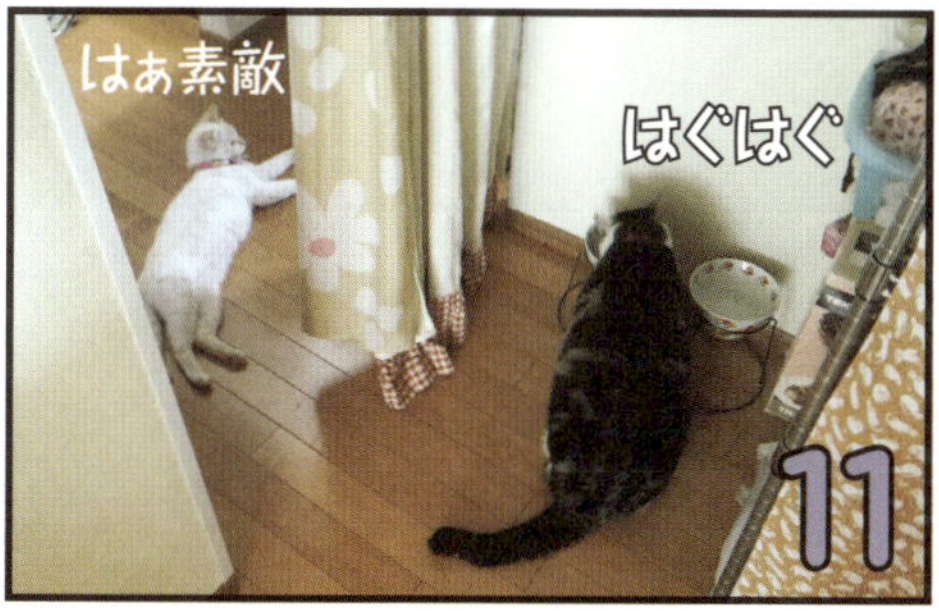
はぁ素敵
はぐはぐ
11

12 シュウ様に直撃インタビュー。シュウ様！
そこのところどうなっているんですか？

僕はフェミニストなだけ…
マイク

それなら凛さんも女子ですよね!?
どういう事ですか？ それじゃ、読者は
納得できないと思うんですけど！

事務所を通してください。ノーコメント。
マイク

シュウ様！ 説明責任があると思うんですよ。
凛さんへのコメントはありますか？
シュウ様！…公式会見を待ちたいと思います。

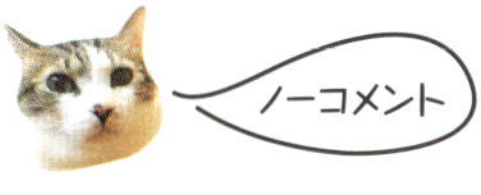
ノーコメント

ミーシャ（とちょと）のデビュー戦

1

デビュー戦（譲渡会）戦ってまいりました。ミーシャが。

なんか変？
いつもと
違くない？

お気づきですか…そーそー。お出掛けだよー。

勝負首輪…って何？

2 勝負首輪はね…いざ勝負
という時に自らを鼓舞し
なおかつメロメロパンチの
威力を増して相手のダウンを
もらいやすくする…
という武器なのだよ。

デビュー戦の結果は
ビギナーズラックも手伝い
早々にメロメロパンチで
バタバタとＫＯを頂きました。
ホント美人は得よねぇ…まったく！

3
デビュー戦なう。

昨夜ミーシャは疲れたのか
リビングでウトウト。
そして少し触らせてくれました(゜艸゜*)
ミーシャ的に少し度胸がついたなら
一石二鳥ですな…

はーやれやれ。
ん？

うげ！
大きな方♥
きーてください！
ミー今日大変
だったんですよぉ。
魔女にあやしい集会に連れて行かれて…
あれは危うく食べられる
ところだったんだと思います。
5

うふふ（ΦдΦ）そーだよ。ミーシャ。
可愛くて食べちゃいたい♥っていう
ヒトのところに
連れてっちゃうんだから…

6 ゴミ捨てに外に出たら
凛さんとシュウ様がお見送り。
いや、ゴミ捨てたらすぐ
戻るんだけどね。

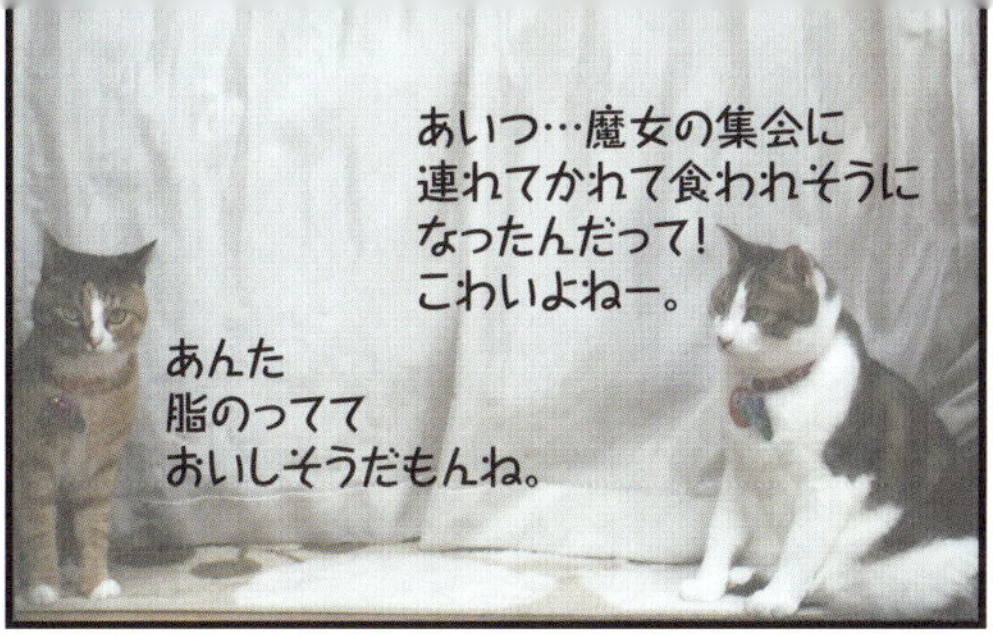

7 食べちゃいたいくらい
可愛いけどね（笑）

8 食べないよ（笑）非常時に一週間くらい
食べられなくてもいい備蓄は
既にあるもの…（Φдφ）

ミーシャ…お届けか…寂しいな…
たくさん愛されますように
と願いを込めて。

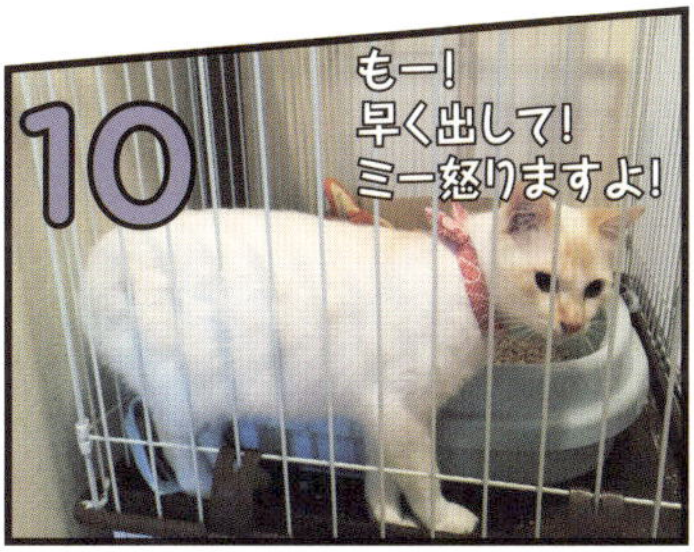

さてさて。
幸せになりに
まいりましょう。

11 肉球にシワなんかなくてもいいの。
猫様の手は招き猫の手。
いっぱい幸せ招いておいで。
里親様にもミーシャにも。

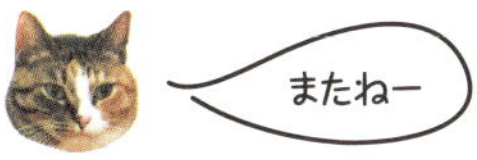

子ギャングがやってきた！

1

ミーシャがわが家から無事に巣立ち、次なるお迎えのためにケージの準備をしていると、

うすうす察する勘のいい女子猫様と…

まったくそうでない猫男子様が…

からの子猫投入だったのですが…

2

いざ子猫！にドン引きなシュウ様。

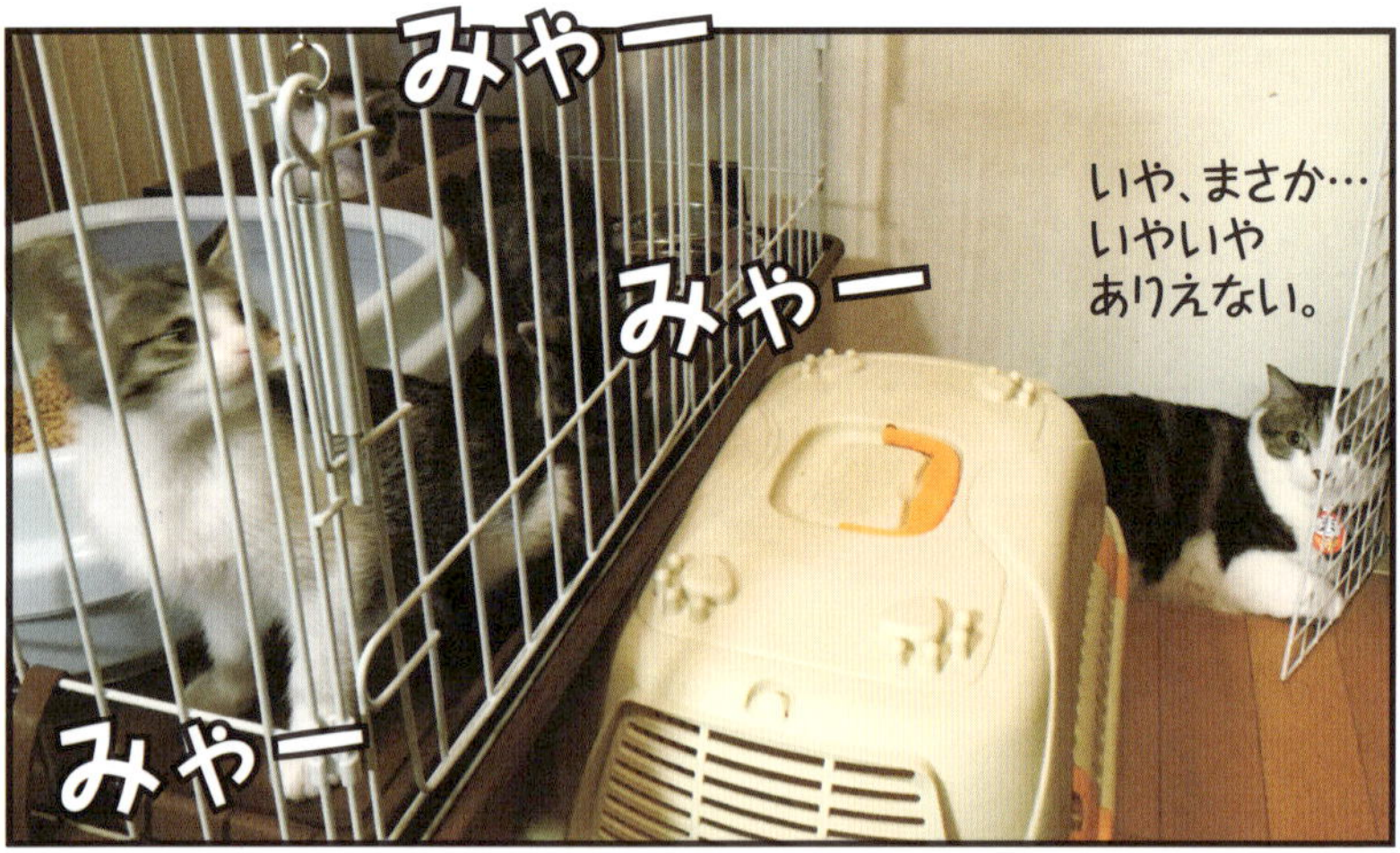

3

わかってるよ（笑）これで君の子だったら君は聖父シュウになっちゃう。

4

そして呆然とする凛さん（と私）…

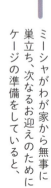

だちぇー!
よし!
がんばれ。
だちぇー!

5

4年前、凛さんがこのぐらいの
子猫だったけど…
子猫ってこんなんだっけ!?

すみませーん。
だちてくだちゃーい。

6

うるさいし…
落ち着きないし…

がじがじ
だちてって
言ってる
でちょー

7

圧倒的な声量と無駄な
エネルギー…あぁぁ…
無駄泣きしてた赤子の時の
ウチの子たちを思い出す…
私も一緒に泣きながら
育てたんだっけな…

おばちゃん!
だちてー!
すんすん
誰がおばさんだ!
この小僧っ子が!

8

それでも現実と
向き合う凛さん。

はやくー
だちてー
なによコレ…
どーすりゃイイの?
すんすん

9

すねて2階に逃げて
ふて寝してるシュウ様…
子猫…確かに小さくて
弱々しくて
寝ている時は
天使のよう…
でもオトナ猫様との
生活に慣れると
子猫のパワーに
たじろぐばかりです…

逃げっ!

子~~ウナギ~~猫 vs シュウ様

1 以前からいろんな方に仔猫はマジシャン。
壁抜けするんだよ！と言われておりましたが…
本当でした（Φдφ）マジか…隙間3cmだよ！
このあともウナギのように
クネクネしながら見事な壁抜け…（Φдφ）

2 子猫すげー！
そして逃げ腰の
シュウ様。

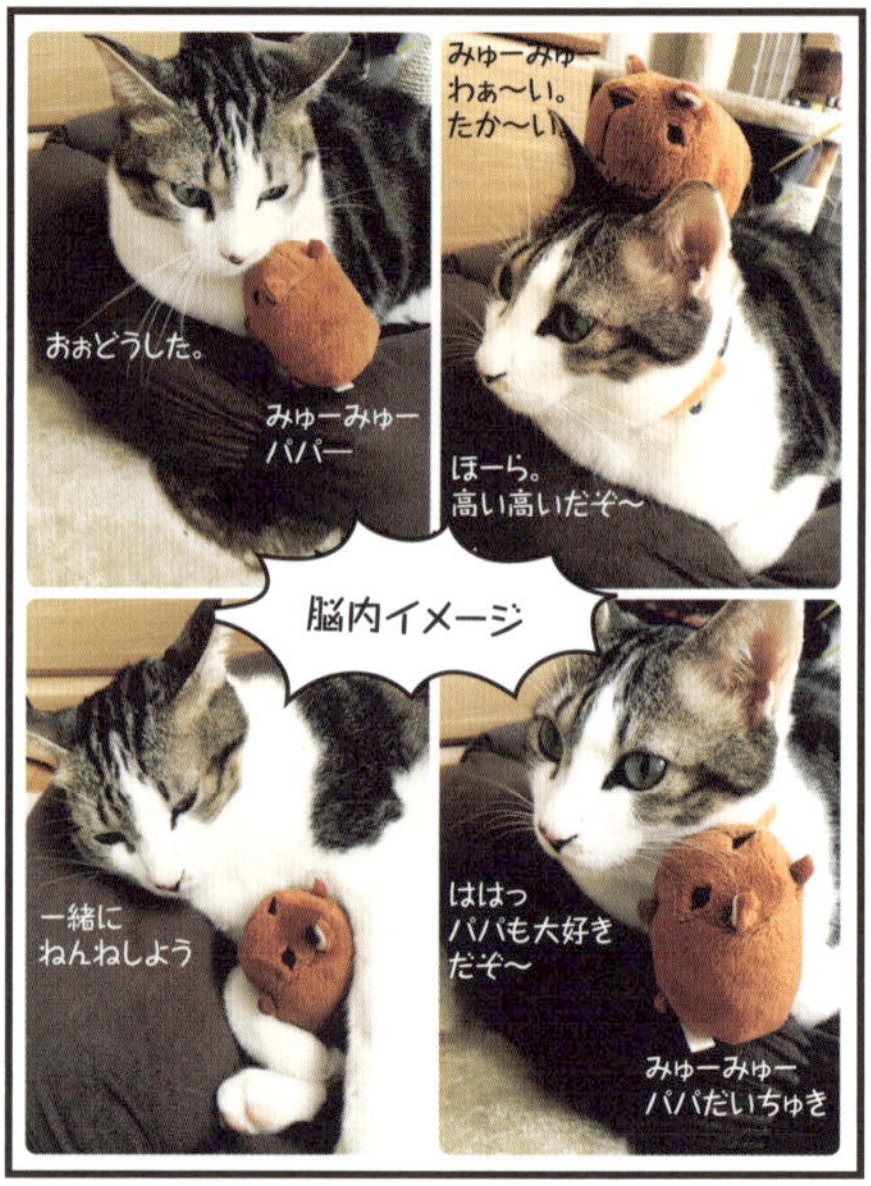

3 おかしいな…
こんなの想像してたんだけどな…。

4 このへんまでは
フレンドリーだったんだけど…。

5 だんだんと教育的指導が
厳しくなってきて…

6 今では子猫相手に
フーシャーいう始末…
シュウ様！ 尾木ママも
言ってたよ！しつけと
虐待は違うって！

7 しかし
子猫はどんなに
フーシャーされても
おかまいなし。
つ、強い…

8 猫様の世界も
子猫は日々学習。

9 子どもの学習能力は本当に
高いよねー。うらやましいわ。

凛さんと子猫、そしてお帰り

1 凛さんの反応はと言うと…
遠い所から見守る…
高い所から見守る…
そして近づくと
猛ダッシュで距離を置く…

2 まぁ確かに。いきなり
三児の母は無理かしらね…

3 凛さんはさすがに
フーシャーはしないのですが…
見守るというより
監視なのかもしれません（ΦдΦ）

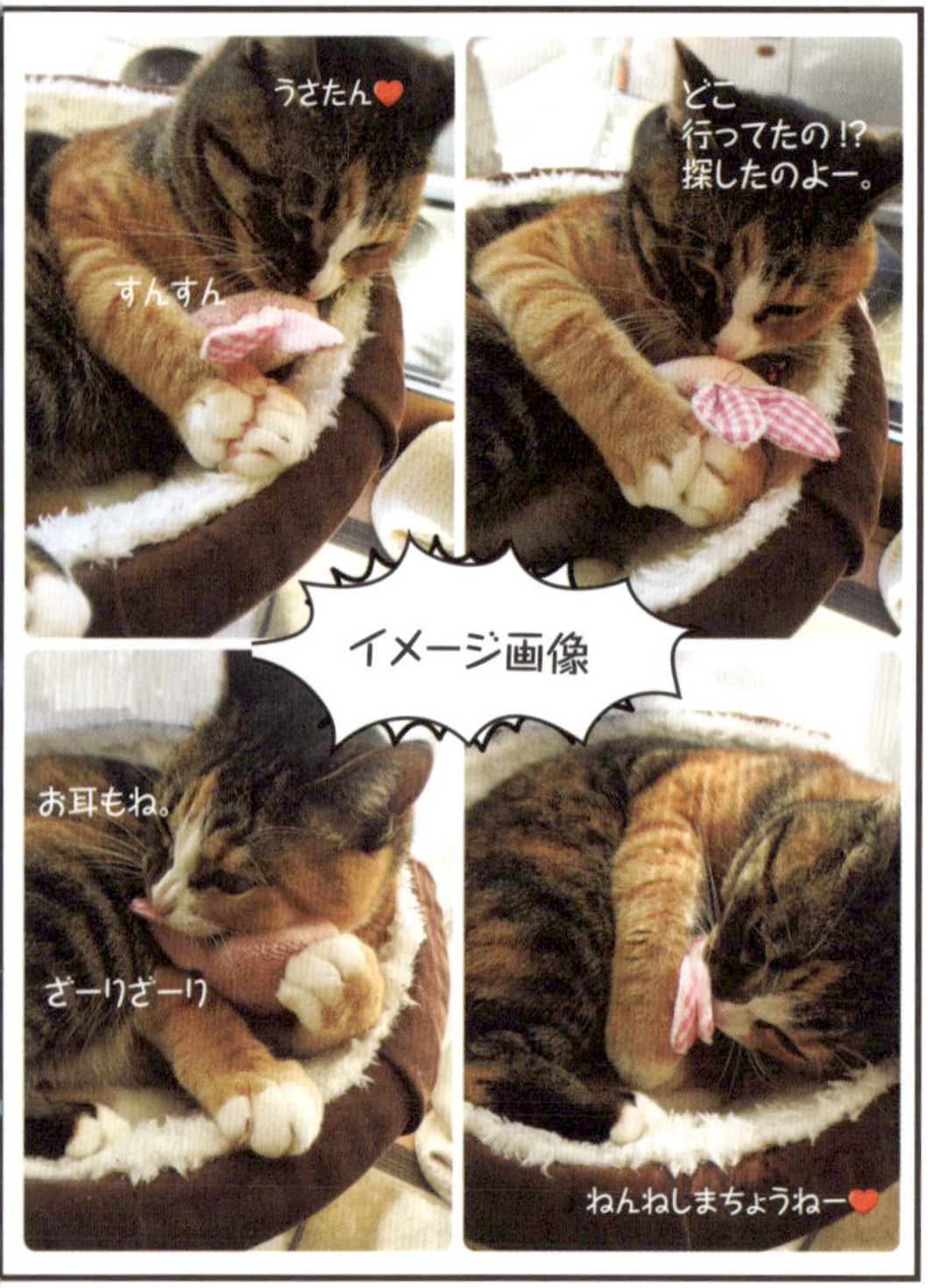

4 こんなの想像してただけに…
シュウ様と凛さんは
もうこの路線なのかしら？

5 でもってその日は必ずやってくる。
お預かりっ子のお返しです…
帰る気マンマンの皆様。
あまりお構いできませんで…

帰るぞー

6 凛さん以来の子猫さん。
こちらもやはり
思うことが
たくさんありました。

ちゅみまちぇん。
タクシー(キャリー)
呼んでもらえまちゅか？
オレ
リムジンがイイ

僕たちには
素敵な未来が
待ってるから!

ばいばーい。

7 元気で…(；ω；)
幸せに…なるんだよ！

ばいばーい!

ボロボロ→○○○○→ピカピカ

1
もし皆さんが今日この猫様と出会ったら？

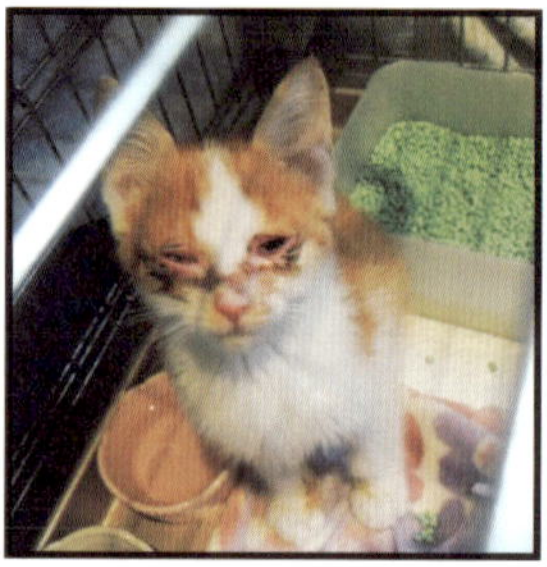

①見なかった事にする
②誰かに連絡する
③頑張って捕まえてみる

ちなみにこの
ボロボロのピケたんは、
矢矢さんの手によって
ピカピカに。
そして里親さんに恵まれ
こんな感じ♥

2
もし今日こんな小さな赤ニャンと出会ってしまったら？

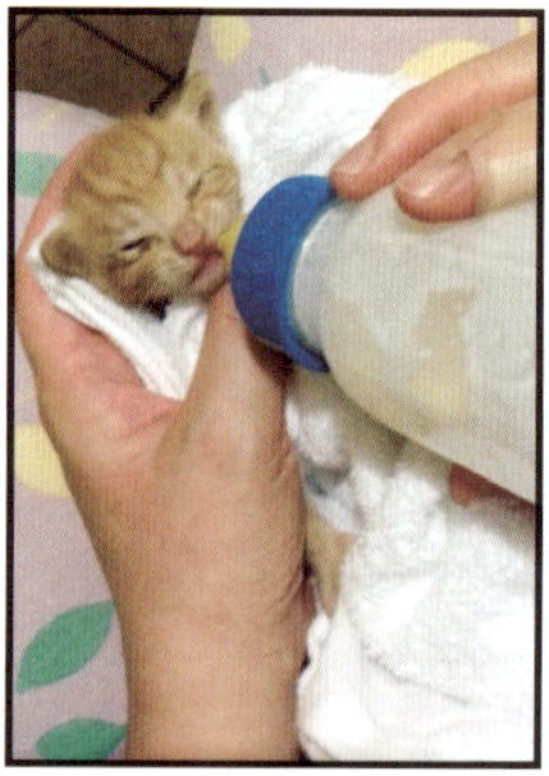

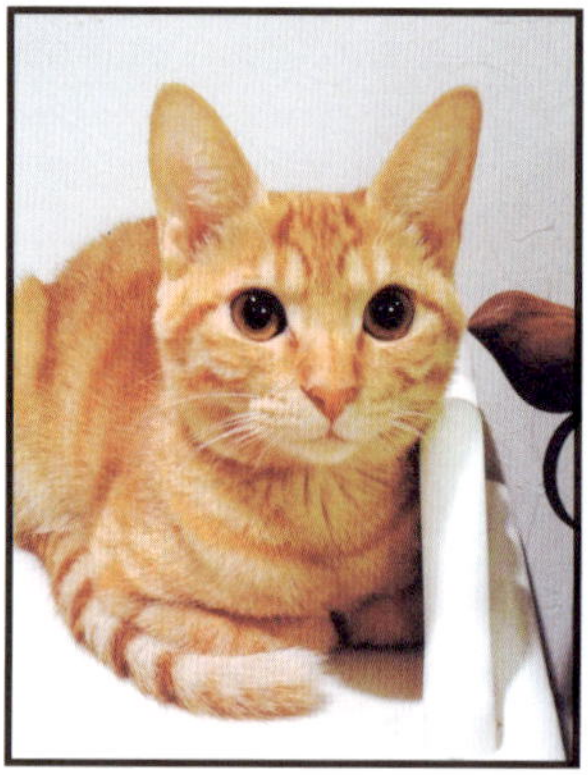

この赤ニャンすぎる
BOSS子ちゃん。
ボニータさんの手によってこんなに
ピカピカに。おてんばで
ちょっぴりレアな茶トラ女子
ピカピカBOSS子ちゃん♥

3
もしこんな疥《かい》癬《せん》でボロボロのワンコ様と出会ってしまったら？

ゆんりさんの
越谷ワンニャン
ボランティアさんの手で
こんなピカピカに。
今では王子様♥

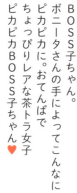

4 もしこんな負傷猫を見つけてしまったら？

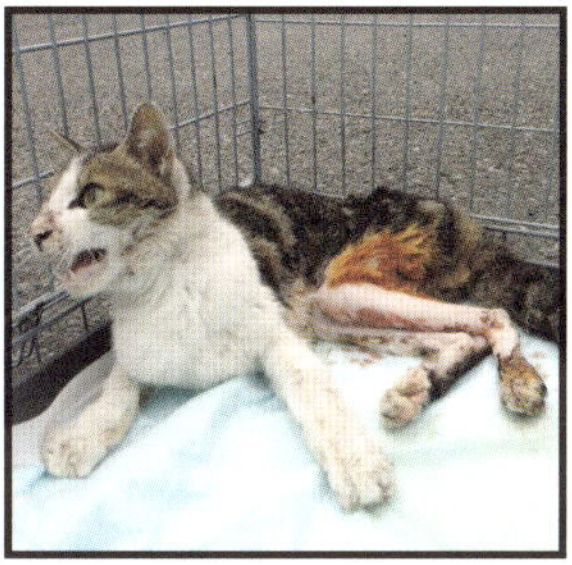

ねこかつさんの手によって
ピカピカモフモフに♥
そして私と出会いました。

5

ボロボロとピカピカの間には
人の手、人の愛、時間、お金
たくさんのものがあります。
という私もピカピカの完成した
シュウ様をもらった里親。
ここまでするための勇気や時間、
愛を考えると里親としては
身が引き締まる思いがします。
そしてこの子たちの
ボロボロ↓ピカピカを見ると
思うことがたくさんあります。

猫ボラと一括りにしても
実は活動はたくさんあります。
ボロピカボラ（勝手に命名）は
最上級者コースのひとつだと思う。
後方支援から最前線まで。
何ができるのか。
何ならできるのか。
きっと私にもできることはあるはず♥
ボロピカボラの皆様に
敬意と感謝を込めて♥

ねこかつのおっちゃーん。
俺なんとかやってるよ。
意地悪な先住がいるけど。

誰のこと？

コラムマンガ③　卯山玉子

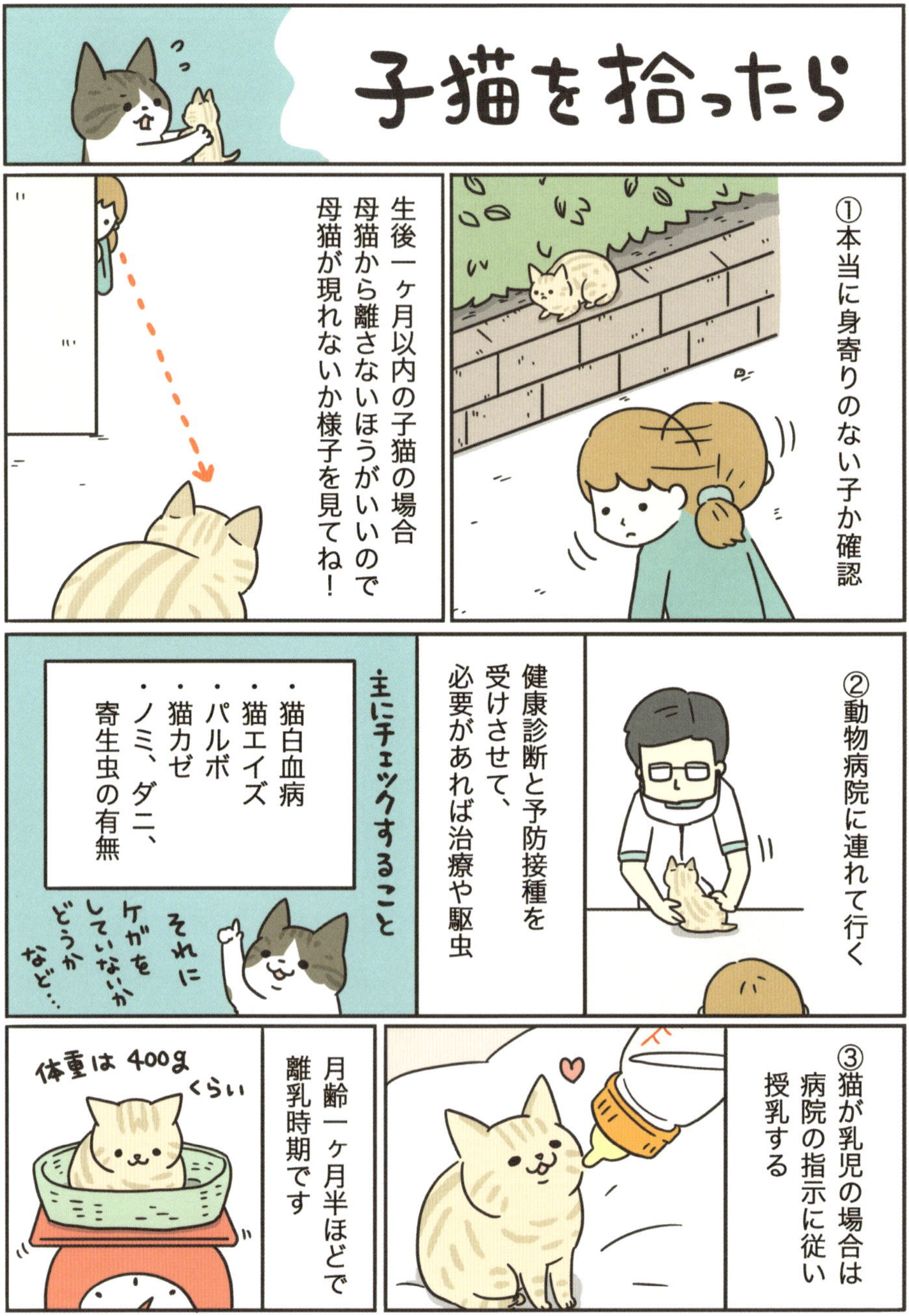

子猫を拾ったら
①本当に身寄りのない子か確認
生後一ヶ月以内の子猫の場合
母猫から離さないほうがいいので
母猫が現れないか様子を見てね！
②動物病院に連れて行く
健康診断と予防接種を
受けさせて、
必要があれば治療や駆虫
主にチェックすること
・猫白血病
・猫エイズ
・パルボ
・猫カゼ
・ノミ、ダニ、寄生虫の有無
それに ケガをしていないか どうか など…
③猫が乳児の場合は
病院の指示に従い
授乳する
月齢一ヶ月半ほどで
離乳時期です
体重は 400g くらい

④必要なものを準備する
フード
CAT FOOD
CAT FOOD
CAT FOOD
食器
トイレ＆砂
必要に応じて猫用ミルクや哺乳瓶、ケージなど
その他　気をつけること
弱っている子猫を無理にお風呂に入れない
体温調節がうまくできず死んでしまう危険が！
牛乳は与えない
牛乳
下痢をする可能性があるよ！
子猫が下痢をすると命を落とすこともあるんだ
家で飼えない場合は里親を探そう
里親サイト
インターネット
猫の里親募集中
動物病院などで貼り紙

ほら見て〜子猫ちゃん♥

シュウ

何やってんの！
ダメでしょ！ ちゃんと柔らかいもので包んで
温めてあげて！

凛

だって今日は暖かいよ？ 暑いんじゃ…。

シュウ

相変わらずわかってないわね…
子猫ちゃんは季節を問わず
ママに包まれて保温されてるものなの。
体温が下がったら危険なのよ。
夏場でもカイロやホットマット、湯たんぽで
温めてあげて。
そのモフ腹はなんのためにあるの!?

凛

愛を温めるためデス。

シュウ

…うってつけじゃないの。
あと下痢にも注意が必要よ。
できれば毎日体重をはかってあげてね。

凛

た、体重計…((((；ﾟДﾟ))))))) ガクガク ブルブル

シュウ

………。
あんたも毎日はかってダイエットしたら？
一石二鳥じゃない ヽ(´∀`)ノ

凛

不幸な猫を減らすために

梅田達也
（保護猫カフェ「ねこかつ」店主）

よく「猫はかわいい」「猫に癒される」などと言われています。人間にとって猫は癒しの存在のようです。では、果たして猫にとっての人間はどうでしょうか？

今は空前の猫ブームと言われていますが、この猫ブームは猫のためになっているのでしょうか？

それどころか、猫の犠牲の上に成り立っているのではないでしょうか？


猫は人間とともに生きているがゆえに、関わる人間にその命が左右されてしまいます。お子さんやお孫さんと同じくらい、いやそれ以上の存在として幸せに暮らす猫たちがいる一方で、不幸な短い一生を終える猫たちがたくさんいます。この本の主人公シュウも、今は幸せに暮らしていますが、行政施設で殺処分される寸前でした。

こうして生まれる「幸せな猫と不幸な猫との大きなギャップ」をなんとかしたい――私が保護猫カフェ「ねこかつ」という小さなお店をはじめた理由もそこにあります。

見たくない、知りたくない、私たちは不幸な猫たちの現実からずっと目をそらしてきました。このままで良いのでしょうか？


不幸な猫というとどんな猫を思い浮かべますか？

まず思い浮かぶのは捨て猫でしょうか。ほかにも、シュウは助かりましたが、行政施設で殺処分されている猫はまだまだたくさんいますし、野良猫のいない町はないでしょう。

また近年は、ペットショップやブリーダーといった生体販売も問題視されています。

　不幸な猫の現状を知り、不幸な猫を減らす方法をみんなが知ってひとりずつがちょっとずつでも実践すれば、猫たちのための本当の猫ブームがやってくるのかもしれません。

①捨て猫

　あまり知られていないようなのですが、猫を捨てることは「犯罪」だということを、まずは多くの人に知って欲しいです。猫を捨てれば、１００万円以下の罰金になります。

　そして当たり前の話ですが、飼い主には終生飼養義務があります。大切な命を預る以上、亡くなるまで大切に飼わなければなりません。

②殺処分

　毎年８万頭もの猫が行政施設で殺処分されています。

　殺処分を安楽死と誤解されている方もいますが、決して安らかな死ではありません。ガスによる窒息死です。何の罪もない猫たちが、十数分間もがき苦しみ、口から血を吐きながら殺されます。殺処分機の中で、なかなか息絶えない猫は、まだ息のあるうちに焼却炉に放り込まれ焼かれることもあるそうです。

　何気ない日常を送っていたのに、ある日突然、もういらないと飼い主によって行政施設に持ち込まれた猫、シュウのように道で倒れていた猫、野良猫やその子猫たち。こういった猫たちが毎日、日本のどこかで殺処分されています（この中でももっとも多いのは野良猫の子どもたちです）。

行政施設で殺処分になる猫を助ける方法はひとつです。

里親、すなわち飼い主になること。

ですから、猫を飼いたいと思ったら、まず里親になるということを考えてください。

行政施設から直接引き取ることも可能ですし、ボランティアさんから譲り受けることもできます。譲渡会や保護猫カフェも選択肢のひとつとなります。インターネットの里親募集サイトを利用して里親になることもできます。

③野良猫について

野良猫に癒されるという方も多いようです。野良猫のたくさんいる場所にいつしか人気が集まり、観光スポットになったりもしています。

「野良猫は自由で、猫本来の生き方ができるから、猫にとっては一番良い」と仰る方もいますが、本当にそうだと言いきれるでしょうか。

実はこれら野良猫は野生動物ではなく、捨て猫や捨て猫の子孫だったり、家の中と外を自由に行き来する猫の子孫だったりと、人が生み出したものなのです。

野良猫の生活は過酷です。カラスなどに襲われたり、交通事故にあったり、人間に虐待

されたりと、家の中で暮らす猫と違って長く生きられるものではありません。

また野良猫は人からご飯をもらわなければ生きていけません。このような野良猫を見て、かわいそうと感じてご飯をあげる。人として自然な感情だと思います。

でも、ご飯はあげたいけど、野良猫が増えてしまうと困ると考える方が多いのも現実です。

実際に、野良猫が増えると必ずと言っていいほど、ご近所トラブルが発生してしまいます。野良猫のオシッコが臭い、庭に糞をされた、鳴き声がうるさい等々。警察沙汰になることも珍しくありません。

そうして野良猫の生んだ子猫が持ち込まれることが、殺処分がなかなか減らない原因ともなっています。野良猫といえども、人間の住環境に住んでいる以上、人間の干渉から逃れられないのが実情なのです。

このように、野良猫が増えることは、猫嫌いの方に不都合なだけでなく、それだけ不幸な猫を増やすことにもつながってしまいますので、猫好きの方にとっても良いことではないのです。

そこで、近年は野良猫を減らしていくための対策が講じられています。

【TNR活動】

TNR活動という言葉をご存知でしょうか？

Ｔ（トラップ）、Ｎ（ニューター）、Ｒ（リターン）の略で、野良猫を捕まえて、不妊手術を施し、元の場所に戻すこと。もうこれ以上、野良猫が増えないようにし、当該猫一代限りの生を全うしてもらうことを目的とした活動です。

不妊手術をすることで、増えなくなることはもちろんですが、オス猫のマーキングの減少、繁殖期の鳴き声がなくなるといった効果もあります。また、猫同士のケンカも減り、ケンカや交尾による猫の感染症のリスクも軽減できます。

「野良猫を捕まえる？　そんなことできるわけがない！」

野良猫に関するご相談をよく受けますが、ＴＮＲをやっていただくようアドバイスすると、たいていの方はこのように思われるようです。

野良猫は人に対する警戒心が強い→警戒心が強いから触れない→触れないから捕まらない→捕まらないから病院へ連れていくことなどできない、と考えられるのでしょう。

でも実は、捕獲器という特別なカゴがあれば、誰でも簡単安全に、野良猫を捕まえることができます。捕獲器は自分で購入することもできますし、お近くのボランティアさんなどに協力していただける場合もあります。

ボランティアさんはどこに？　という方は、「野良猫の不妊手術をしたいので、ボランティアさんを紹介してください」とお住まいの自治体の役所に問い合わせてみてください。

または、「（お住いの自治体名）　猫　ボランティア」などで、ネット検索をしていただくと、たいていはお近くのボランティアさんを見つけられるでしょう。ちなみに保護猫カフェ「ねこかつ」では月1回、無料のＴＮＲ勉強会を開き、捕獲器の無料貸し出しなども行っています。

【地域猫活動】

ＴＮＲ活動よりもよく聞かれるようになってきたかもしれません。

地域猫活動とは、地域で猫を飼うことと誤解されている方もいらっしゃいますが、そうではなく、野良猫を管理して減らし、地域の住環境の改善を図っていく活動です。地域住民の理解のもとに、野良猫に不妊・去勢手術を施し、その地域において、野良猫を適切に管理していくのです。この活動によって管理されている猫を地域猫といいます。

近年では地域猫活動を取り入れる自治体も増えはじめました。

従来からよく言われていた「野良猫に餌をやるな！」では、解決するどころか野良猫問題は悪化してしまいます。地域猫活動はその切り札と期待され、地域猫活動の先進エリアでは野良猫への苦情が減少し、殺処分がゼロになったなど、効果が現れてきています。

地域猫活動にご興味のある方は、ぜひ自治体やボランティアさんの開催している地域猫セミナーなどに出席してみてください。

④生体販売について

犬や猫を飼いたいと考えたとき、ペットショップを思い浮かべる方が多いでしょう。

ペットショップへ行けばいつでも小さなかわいい子犬や子猫がたくさんいます。それどころか、小さなかわいい子犬や子猫「だけ」がいます。しかも、たくさんいます。

たくさんいる小さな子犬や子猫たち。生き物ですから、どんどん大きくなります。

でも売れずに大きくなってしまった犬や猫は、ほとんどのペットショップでは見かけません。大きくなってしまった犬や猫は、どうなってしまうのでしょう？

子犬や子猫がたくさんいるということは、その親たちがどこかにたくさんいるということ。親たちは、どんな環境で生活しているのでしょう？　そして、子犬や子猫を生めなくなった親たちは、どうなってしまうのでしょう？

さらによく見てみると、ペットショップで売られている子犬や子猫たちは、本来はまだまだ親きょうだいと一緒に幸せに暮らしているはずの小ささです。それなのに、ペットショップでは、蛍光灯の明かりに照らされて、ひとりで狭いケージの中で過ごしています。

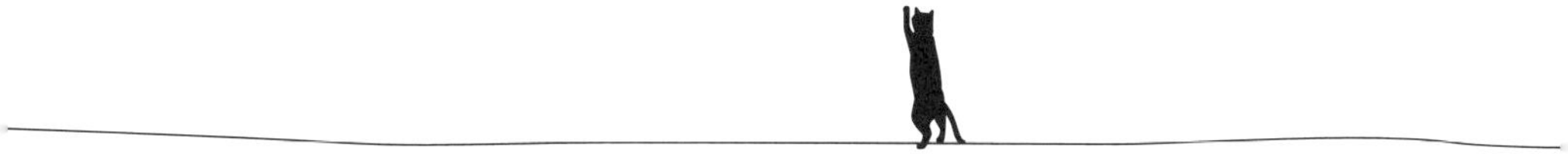

「果たしてこれでいいのだろうか」

と、あなたも疑問に感じたことがあるのではないでしょうか？　これらの疑問に対して、少し一緒に考えてみましょう。

まずは第1の疑問です。売れ残って大きくなった犬や猫たちは、いったいどうなってしまうのでしょうか？

生体販売業者にとって、犬や猫はお金のために存在する動物（経済動物）です。少しでもお金にしたいところなので、大きくなったコたちの中には、繁殖用に回される犬や猫もいます。

あるいは売れ残って経済価値がゼロになった犬や猫ですから、コンビニで賞味期限が切れたお弁当が廃棄されるのと同じように、廃棄される犬や猫もいます。

以前は、その廃棄の受け皿を行政施設が担っていました。殺処分です。ペットショップの売れ残りを、私たちの税金で殺していたのです。

先の法改正により、行政施設が生体販売業者からの引き取りを拒否する扱いに変わりましたが、行政施設が引き取りを拒否するからといって、売れ残る犬や猫がなくなるわけではありません。結果、売れ残った犬や猫たちは闇から闇に、どこかへと消えていきます。

自分で殺すのはさすがに気が引ける、とわずかながらも良心の残っている業者もいるでしょう。

そういった人たちから有料で犬猫を引き受ける「引き取り屋」という商売が近年活発化してきていると指摘されています。引き取られた犬や猫は、狭く汚いケージの中で、医療にもかけられず、死ぬまで飼い殺しにされます。

第2の疑問、売られている子犬や子猫の親たちはどうしているのでしょうか？

パピーミル、キトンミルという言葉を聞いたことがある方がいらっしゃるかもしれません。子犬工場、子猫工場という意味です。

ペットショップで売られている子犬や子猫は、一般の飼い主には想像しがたい劣悪な環境のパピーミルやキトンミルで「製造」されます。ほとんど掃除もされず、繁殖用の犬や猫は糞尿にまみれ、狭く汚いケージの中で、その短い一生を過ごします。妊娠出産は母体に大きな負担となります。1年に何回も出産を強制された繁殖用の犬や猫たちの体はすぐにボロボロになり、6~7年もすれば、健康な子を産めなくなります。繁殖用の犬や猫が子を産めなくなるのですから、その後は廃棄となります。狭く汚いケージからやっと出られるのは廃棄のときなのです。

第3の疑問、小さすぎる子犬や子猫がペットショップのケージに入れられ、売られています。

犬や猫は小さくてかわいいほど良く売れます。このことから、ペットショップは、できるだけ早いうちに子犬や子猫を店頭に並べようとします。できるだけ早く店頭に並べるためには、当然のことながら、子犬や子猫をできるだけ早く親やきょうだいたちから引き離さなくてはいけません。

子犬や子猫はその幼少期を親やきょうだいたちと一緒に過ごすことによって、多くのことを学びます。この時期は「社会化期」と呼ばれます。この大切な社会化期に親やきょうだいたちと離れて過ごすと、大きくなってから問題行動が増えると言われています。

社会化期をケージの中でひとりぼっちで過ごした子犬や子猫たちは、その後、問題行動を起こすことが増え、これが飼育放棄や殺処分の原因のひとつとなっているのです。

また、あまりにも早い時期に親から引き離された子犬や子猫は、体が弱く、繁殖場↓オークション会場↓ペットショップといった環境の変化に耐えられません。

「流通過程」でも、たくさんの子犬や子猫が死んでいるのです。

こうした悲惨な状況から、生まれてから最低8週間は子犬や子猫を親から引き離してはいけないとする規制（8週齢規制）を必要だとする声がずっと以前から叫ばれています。法改正のたびに問題となっているのですが、小さい方が売れるという業者の利益が重視され、なかなか成立をみません。

次の法改正でも当然大きな争点となっています。法改正の前には、環境省がパブリックコメントの募集などを行いますので、ぜひ、皆様の声も届けていただけばと思います。

生体販売の実情については、『犬を殺すのは誰か』（太田匡彦著、朝日新聞出版）に詳しく載っています。ぜひ一読していただければと思います。

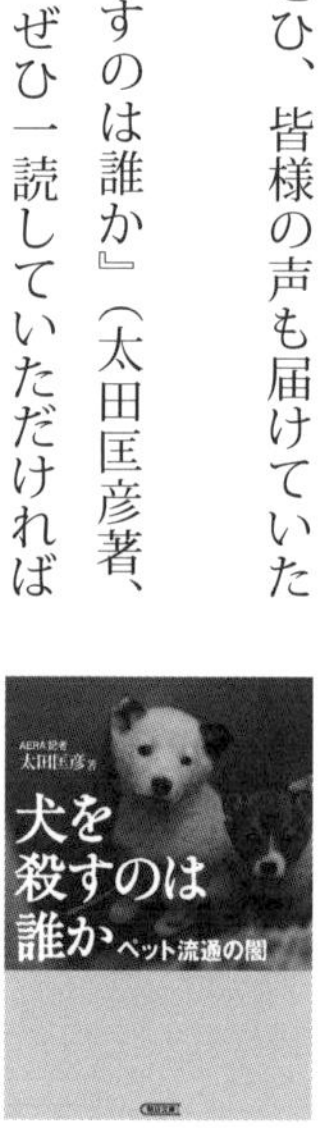

以上、ざっとではありますが、猫ブームの裏で犠牲になっている不幸な猫たちの現状を書きました。
こうして知っていただくことは、もちろん大切なことで、はじめの一歩になります。ただ、知って、かわいそうと思っているだけでは、現状を変え、不幸な猫を減らしていくことはできません。知っていただいた上で、ひとりひとりが少しずつでも行動に移していただけば、現状を変えることがきっとできます。
まず、ご自身で飼っている猫。大切な家族です。亡くなる最期まで守ってあげてください。「ペット不可のところへ引っ越すことになったから」といった安易な理由で飼い猫を捨てる人もまだまだ後を絶ちません。そのようなことは絶対にないようにお願いします。
また、「近くで見かける野良猫が子猫を産んで困っている」というようなことも、どこの町でも見られることです。本書にもありましたが、子猫は比較的簡単に里親さんを見つけることができます。もしも可能な環境でしたら、ちょっと頑張って里親探しをしてあげて欲しいなと思います。

紹介させていただいたＴＮＲ活動や地域猫活動についても、実際にやってみるとそれほどむずかしいものではありません。

「不妊去勢手術が動物愛護の第一歩」と尊敬する獣医さんが仰っていました。その通りだと思います。もうこれ以上、不幸な猫が生まれないように不妊手術を施す。これが基本になります。

そして生体販売については、みんなが賢い消費者行動をとれば、きっと良い方向に動いていきます。殺処分など、これだけ不幸な猫がいるのですから、高いお金を出してペットショップで猫を買う必要はないはずです。

この本を読んでいただいた方が、ひとりでも多く、「ねこかつ」（猫の保護活動）に興味を持って、何か一歩を踏み出していただけたら、こんなにうれしいことはありません。

関東近辺の保護ねこカフェ一覧

※並び順は郵便番号順です。

まちねこ

101-0041 東京都千代田区神田須田町2-8-4 第二神田須田町ビル5階 http://machineko.okoshi-yasu.net/

浅草ねこ園

111-0032 東京都台東区浅草3-1-1 馬道妙見屋ビル6階 http://asakusanekoen.com/

浅草猫三昧

111-0032 東京都台東区浅草1-39-11 二宮デンボービル2F http://www.neko3my.tokyo/

ネコCafe Kei's

111-0053 東京都台東区浅草橋1-33-4 4F http://catcafe-keis.com/

ネコリパブリック 東京お茶の水店

113-0034 東京都文京区湯島3-1-9 CRANEビル4階 http://www.neco-republic.jp/

CATS & DOGS CAFE

131-0033 東京都墨田区向島5-48-1 http://cats-and-dogs-cafe.fan.coocan.jp/

ねこのひみつ基地

132-0031 東京都江戸川区松島3-15-13-2F http://neko-himitsukiti.jimdo.com/

里親カフェ

142-0063 東京都品川区荏原1-24-1 http://www.satooya-cafe.org/

注文の多い猫Cafe

150-0001 東京都渋谷区神宮前6-14-15 メゾン原宿202（3F） http://choosycatcafe.tumblr.com/

猫茶家

154-0012 東京都世田谷区駒沢3-26-8 http://www.nekochaya.com/

ネコリパブリック　東京中野店

164-0001 東京都中野区中野5-68-9 AKビル3階 http://www.nekonokanzume.com/

しらさぎカフェ

165-0035 東京都中野区白鷺2-33-8 http://ameblo.jp/shirasagicafe/

猫の家

166-0002 東京都杉並区高円寺北3-45-16 http://neconoiekoenji.blog.fc2.com/

東京キャットガーディアン 大塚シェルター

170-0005 東京都豊島区南大塚3-50-1 ウィンドビル5F http://www.tokyocatguardian.org/

えこねこ

176-0005 東京都練馬区旭丘1-73-1 三田ビル2階 http://nerimaeconeco.blog86.fc2.com/

はっぴーねこちゃん

177-0041 東京都練馬区石神井町3-25-3 本橋ビル4F http://www.happynekochan.com/

東京キャットガーディアン 西国分寺シェルター
183-0042 東京都府中市武蔵台3-43-9 エクセレントTR 1F　http://www.tokyocatguardian.org/

ねこ広場
189-0001 東京都東村山市秋津町5-5-45　http://ameblo.jp/cat-sprt/

にゃん福°
191-0032 東京都日野市三沢1-11-5　http://nyann-puku.jimdo.com/

ラブとハッピー
191-0041 東京都日野市南平7-18-54 多田ビル201号室　http://lovetohappy.com/

Hako bu neco 八王子店
192-0918 東京都八王子市兵衛1-3-1 ミクリスシティ2F　http://ameblo.jp/hakobuneko2/

にゃんくる 川崎店
210-0023 神奈川県川崎市川崎区小川町13-21 セコロTステージ202　http://www.nekocafe-leon.com/

猫式
213-0001 神奈川県川崎市高津区溝口1-20-10 東方ビル3 F　http://www.neko-shiki.net/

カフェ ブラン
225-0013 神奈川県横浜市青葉区荏田町1150-40 白亜館2階　http://www.neko-cafe.info/

ミーシス
231-0033 神奈川県横浜市中区長者町6-99 2F　http://www.cat-miysis.com/

にゃんくる 桜木町店
231-0063 神奈川県横浜市中区花咲町1-46 桜木町ビル3F　http://www.nekocafe-leon.com/

和猫かふぇ
238-0043 神奈川県横須賀市坂本町6-3　http://www.wanekocafe.com/

にゃんくる 鎌倉店
248-0006 神奈川県鎌倉市小町2-1-21 原ビル2F　http://www.nekocafe-leon.com/

キャットラウンジ 猫の館ＭＥ
279-0041 千葉県浦安市堀江6-9-1 Rita新浦安2階　http://nekonoyakata.me/

ねこかつ
350-0043 埼玉県川越市新富町1-17-6-3 F　http://www.nekokatsu.info/

ファニーキャット
350-1305 埼玉県狭山市入間川1-17-15　http://ameblo.jp/cafe-funnycat/

※ご注意　定休日や営業時間、また入店の条件など、お店によって違います。
　お出かけ前にＨＰやブログ、お電話等でご確認ください。

ちょと

保護猫カフェで出会った三本足の猫、シュウ様を里親として家に迎え入れ、先住猫の凛さんも含めた2匹の猫との生活を綴ったブログが大人気。

ブログ『猫とお酒と日々のこと』
http://nekosake.blog.jp/
(旧ブログ　http://ameblo.jp/chotocha39/)

梅田達也（うめだ　たつや）

埼玉県川越市にある保護猫カフェ「ねこかつ」の店主。シュウの保護主。猫の保護における真摯な活動が猫好きに支持されている。「ねこかつ」という店名は、婚活や就活のように猫の保護活動「猫活」が世に広まるようにという思いからつけた。

「ねこかつ」ホームページ
http://www.nekokatsu.info/
ブログ『保護猫カフェ「ねこかつ」@川越できました。』
http://ameblo.jp/cafe-nekokatsu/

●保護猫カフェリスト提供　**ねこたろう**
Twitter https://twitter.com/corocorocat
メール neko22tarou@gmail.com

●撮影協力　**cafe Matilda**
http://www.cafe-matilda.com/

シュウさま
保護猫カフェからやってきた、3本足のモフ天使

2016年 8 月25日　第1版第1刷発行
2016年10月 9 日　第2刷発行

著者　ちょと、梅田達也

発行者　玉越直人

発行所　WAVE出版
TEL 03-3261-3713
FAX 03-3261-3823
振替 00100-7-366376
E-mail: info@wave-publishers.co.jp
http://www.wave-publishers.co.jp

印刷・製本　シナノ パブリッシング プレス

NDC914 127p 19cm
ISBN978-4-86621-013-1